KUWEI
酷威文化

图书 影视

自控力

周宇 著

THE
ABILITY
OF
SELF-CONTROL

四川文艺出版社

图书在版编目（CIP）数据

自控力 / 周宇著 . -- 成都：四川文艺出版社，2020.8

ISBN 978-7-5411-5754-7

Ⅰ.①自… Ⅱ.①周… Ⅲ.①自我控制—通俗读物 Ⅳ.① B842.6-49

中国版本图书馆 CIP 数据核字 (2020) 第 120116 号

ZIKONGLI

自控力

周宇 著

出 品 人	张庆宁
出版统筹	刘运东
特约监制	刘思懿
责任编辑	叶竹君
特约策划	刘思懿
特约编辑	苟新月　申惠妍
封面设计	苏 涛
责任校对	汪 平

出版发行　四川文艺出版社（成都市槐树街2号）
网　　址　www.scwys.com
电　　话　028-86259287（发行部）　028-86259303（编辑部）
传　　真　028-86259306

邮购地址　成都市槐树街2号四川文艺出版社邮购部　610031
印　　刷　三河市海新印务有限公司
成品尺寸　145mm×210mm　　　开　本　32开
印　　张　7　　　　　　　　　字　数　120千字
版　　次　2020年8月第一版　　印　次　2020年8月第一次印刷
书　　号　978-7-5411-5754-7
定　　价　39.80元

目 录

CONTENTS

序言
你的自控力将决定你的人生

　　你理想中的自己是什么样的？也许是体形健美的健身达人，也许是作息健康、饮食规律的养生爱好者，也许是成绩优异的学霸，也许是工作得心应手的业绩标兵……理想中的自己总是那么完美，像一只高高在上的白天鹅，弯着优美的颈项低头看着丑小鸭似的我们。多少次，偷偷地在脑海里畅想未来的时候，我们握紧拳头，望着那个遥远的身影暗下决心：我要变得更强，我要变得更美，我要变成更好的自己，我要拥有美好的人生。

　　可是，就如同那只被奚落、被欺负的丑小鸭一样，我们经常在变得更好的路上跌倒，沾上一身泥水，狼狈不堪。有时困难来自外界，可能是难以沟通的同事，可能是不理解我们的家人；有时阻碍来自我们自身，忍不住吃掉一块高热量的蛋糕，习惯性拖延着不去复习。就像有一位严厉的老师站在高处一刻不停地监督着我们，每当我们冒出一个愿望，他就丢下一份试卷，让我们解答层出不穷的难题。踏上他的考场，就像上了战场，不准备好武器，就会被打得节节败退。在这个战场上，最有力的武器其实一直握在你的手中，那就是你的自控力。自控力是保护你软肋的铠甲，也是为你披荆斩棘的利剑。它能帮助你驯服那些恶龙似的负面情绪，让你的心重归平静；也能帮助你对抗拖延、懒惰、贪婪等坏习惯。它就像你的守护神，随时等待你的召唤。

也许你已经在它的帮助下克服了一些困难，但是也遇到了一些困惑，不知道如何进一步提升自己的自控力；也许你还没有找到使用自控力的窍门，正在寻寻觅觅。只要你还对它抱有希望，只要你耐下心来，学习一些和它的相处之道，它就能回应你的期待。

有时候，我们最陌生的人恰恰是自己。我们表露出来的人格不过是冰山一角，更多的部分隐藏在海面之下，我们的自控力就潜藏在那里。这本书将带领你走进那片隐秘之地，从头开始认识自控力。在对自控力有了整体的认知以后，本书将通过不同领域的典型问题，阐述自控力的应用之道。

对于童话里的丑小鸭来说，成为白天鹅是必然，但是对于我们来说，做丑小鸭还是白天鹅，选择权不在上天手里，而在自己手里。我们的人生，由我们的自控力决定。

第一章

自控力：与自我的艰难博弈

人类在道德文化方面最高级的阶段，就是当我们认识到应当用理智控制思想时。

——达尔文

　　你有没有这样的困扰：明明下定决心要早睡，却忍不住玩手机玩到凌晨；明明制订了减肥计划，却满脑子都是高热量食品；明明决定不乱发脾气，却总管不住自己的情绪；明明知道该尽快完成工作，却一直拖拖拉拉不动手……如果在我们面前摆上一架天平，把需要做的事当作砝码，左边的托盘上盛放没能完成的事，右边的托盘上盛放完成了的事，你会如何向别人描述你的天平？它向哪边倾斜了？恐怕很多人会遗憾地说："我把大部分砝码都放到没能完成的那边了……"

　　为什么会这样？我们的大脑清楚地知道应该做什么，我们却控制不住自己，一次次尝试，一次次败下阵来，难道我们注定只能做个自控力极差的失败者吗？

　　要回答这个问题，我们首先得弄清楚，自控力到底是什么，它从哪里来。

自控力从何而来

自我控制是最强者的本能。

——萧伯纳

自控力是从哪里来的？它是我们从出生就携带的，还是后天养成的？这个问题也曾困扰着心理学家，为了找到答案，他们进行了诸多探索和实验。

20 世纪 60 年代，位于美国西海岸的斯坦福大学进行了一项实验。这项实验由著名的心理学教授沃尔特·米歇尔（Walter Mischel）设计，在位于斯坦福大学校园内的一所幼儿园中展开。研究人员布置好了实验场所——放置了一张桌子和一把椅子的小房间，桌子上放着一个盛有美味零食的盘子。接着，研究人员让参与实验的几十名儿童分别单独待在小房间里，并告诉他们：如果能在研究人员回来之前忍住不吃零食，就会得到更多的零食。研究人员还说，如果在等待的过程中决定放弃，可以按下桌上的铃，并吃掉零食。研究人员听到铃声就知道有孩子放弃了，便会回到房间，结束实验。

研究人员仔细观察并记录了孩子们在实验中的表现，对于这些只有几岁的儿童来说，这个实验可真难熬！（有哪个孩子不喜欢棉花糖和曲奇饼干呢？）有的孩子拼命抵抗诱惑，他们捂住自己的眼睛，或者干脆背过身去，不去看诱人的零食；有的孩子扭来扭去，做各种小动作，拉扯自己的发辫，踢桌子腿；还有的孩子去拍打零食。实验的结果是，大部分孩子很快就放弃了，他们甚至没有坚持到三分钟。有些孩子直接就把零食吃掉了，甚至没有按铃。有大约三分之一的孩子成功地克制住了自己的欲望，他们忍耐了大概十五分钟，等到研究人员回来，得到了更多的奖励。

这个实验反映出了个体在面对诱惑时的不同表现：有些人可以延迟满足，有些人却只能"及时行乐"。

延迟满足是自控力的重要体现形式。美国心理学会（The American Psychological Association）认为自控力应该由五个方面组成：延迟满足的能力、控制有害冲动的能力、冷静的认知系统、为自我制定规则的能力，以及可以被损耗的能力。

延迟满足可以通俗地理解为忍耐的能力，即为了长远的目标自愿放弃当下的满足，控制自己、进行等待的能力。延迟满足的能力对个人的发展影响深远，在完成工作、协调人际交往、适应社会环境等方面都能发挥作用。上文中沃尔特·米歇尔的实验，就是关于延迟满足的经典实验。

那么，为何有些人可以延迟满足，有些人却只能及时行乐？这个答案藏在我们的脑袋里。

人类的脑可以简单地分为端脑、间脑、中脑、小脑、脑干几部分。脑干位于最下部，是人体的调节中枢，负责控制那些无须意识干预的基本生理功能，例如心跳、血压、呼吸、体温。紧挨着脑干的是小脑，负责调节人体的运动功能，如果小脑受到伤害，人体可能连简单的动作都无法完成。小脑继续往上，被大脑皮层包裹住的部分，包括我们的中脑，它是初级的视觉和听觉中枢。从中脑继续向上就到了端脑和间脑。端脑和间脑合称前脑，占据人脑中最大的部分，它分为左右两个大脑半球，并且各具有枕叶、顶叶、颞叶、额叶四个脑叶。额叶决定了一个人性格的基础，决定了我们怎样进行社会交际，甚至决定着我们的道德感。我们的认知能力、我们的人格，都和大脑中这片最新进化的区域息息相关。

大脑半球的表面覆盖着一层灰质，叫作大脑皮质。人脑的皮质有古皮质、旧皮质、新皮质之分，体现着人脑在进化过程中的发展历程，不同皮质的功能分区也揭示了不同能力的获得时间。我们额头后面的区域叫前额皮质（prefrontal cortex），它位于额叶前部，属于新皮质，还处于未完全进化的阶段。前额皮质与情绪的控制密切相关。

早期，前额皮质的主要功能是控制身体运动，比如奔跑着追赶猎物，抓起一块石头，推开挡路的树枝等。随着时间慢慢推移，人类进化了，前额皮质也随之进化，所占区域越来越大，并衍生出新的功能。我们关注某些东西、思考事情、产生不同的感觉，都与前额皮质有关，它从帮助我们控制动作进化到帮助我们控制行为。前额皮质能帮我们做出理智的判断，去做那些我们不愿做但应该做的事，例如，我们的身体觉得躺在床上更舒服，它却告诉我们起床运动对健康更好；我们觉得看电视、玩手机更轻松，它却提醒我们阅读、学习更能提升自我。

前额皮质按照功能可以进一步分区。研究发现，它的左侧区域与积极感情有关，当你激励自己要实现某个目标时，就是这块区域在起作用；右侧区域与消极感情有关，当你警告自己别做某件事时，就是这里在起作用；左右两块区域决定了"做"的问题。前额皮质中间的下方还有一块区域，它的体积不大，功能却至关重要，它负责管理我们的目标和欲望，简单来说，它决定了"想"的问题。研究表明，这个区域的细胞越活跃，我们抵抗诱惑的能力就越强，越容易把想法付诸行动。大脑的其他区域可能会出于本能，让你产生痛快地吃喝玩乐的冲动，但是这个区域会时刻提醒你真正渴望的是什么。这就是我们自控力的源泉。

从生理构造来看，每个人生来都具有自控力的生理基础，所以我们能够控制自己的行为。但是从另一方面来看，不同个体的自控力的强弱存在差别，因此有人会马上吃掉盘子里的零食，有人则可以等到更多的奖励。关于影响自控力的因素以及加强自控力的方法，后文会有更详细的论述。

人生为何需要自控力

我控制自己的命运，成为自己的主人。

——乔·吉拉德

现在，来回想一下，你上一次看手机是什么时候？五分钟之前、十分钟之前，还是几秒钟之前？又是为什么看手机的呢？接电话、回信息，还是没什么特定的原因，只是想拿起来看看？智能手机和高速网络的普及为我们的生活带来了极大的便利，然而，也带来了更多的诱惑。

一位学者在调查某地的教育情况时，发现了一个令人震惊的现象。历史上，该地属于落后地区，教学条件十分艰苦。近年来，随着当地的发展和各方的援助，教学条件得到了极大的改善，然而学生的成绩却下降得十分明显。例如，某校六年级学生数学的及格率不足 20%，优秀率更是低得惊人，甚至不到0.5%。为什么物质条件提升了，学生的成绩反而下降了？这位学者带着疑问展开了深入调查，结果出乎意料，在诸多影响学生成绩的因素中，手机的作用十分突出。如今，即使在偏远地区，智能手机的身影也随处可见。在父母忙于工作而对孩子疏于教导时，手机乘虚而入，轻而易举地在孩子们身边站稳了脚跟。孩子们正处于成长期，没有形成稳定的世界观、人生观和价值观，难以抵挡五花八门的应用和好玩刺激的游戏的诱惑。他们甚至想方设法把手机带到学校，绕过游戏的防沉迷措施，把本应用来学习的大好时光花在手机上。

孩子们没有足够的自控力去抵抗手机的诱惑，如果缺乏及时有效的引导和干预，他们未来的人生走向就会令人担忧。大量的成年人同样面临着类似的困扰，在工作的时候，和朋友、家人相处的时候，即便没有必须使用手机的理由，也总是忍不住去戳戳点点，过后又懊恼自己没有专心工作，没有专心陪伴亲近的人。

无法抵抗手机的诱惑，只是现代人生活某一方面的缩影，我们日常还会面对更多、更大的诱惑。小到一个会让我们血糖上升、体脂增加的芝士蛋糕，大到一次需要分期付款的享受型消费。我们不仅要和自身的本能抗争，还要迎接爆炸般的外来诱惑。无须怀疑，我们正身处一个空前的时代，一个消费型的社会，每天一睁眼就有铺天盖地的信息迎面而来，数不清的KOL（意见领袖）们向我们倡导各不相同的生活方式，告诉我们：买它！穿它！用它！我们因为一篇文章、一段视频、一张图片心动不已或焦虑不堪，好像我们的人生真的会因为某个事物分成截然不同的两段。有人贩卖焦虑、贩卖诱惑，甚至经过重重包装的知识也成了炙手可热的商品。扪心自问，涂上某种口红，穿上某双球鞋，听过某套课程，我们就能真正地脱胎换骨吗？有时，即便看出那是一个诱饵，我们还是忍不住上钩，只为换来内心暂时的平静。

历史的进程不会倒流，我们无法更改时代的走向。我们应该怎么办，难道只能向诱惑投降吗？当然不！我们有反击的武器，那就是自控力。我们虽然无法随心所欲地改变世界，但是可以掌控自己看待世界、面对世界的方式。

先哲说过："美好的人生建立在自我控制的基础上。"正如无限的自由即最大的不自由，同理，缺乏自控的人生一定充满混乱。某些较低等的哺乳动物在幼年时期就缺乏这种能力，如果不加以制止，它们能饮水过量以致撑死。你能想象同样的事发生在人类身上吗？恐怕再缺乏自控力的贪吃鬼也很难放任自己吃到撑死吧。拥有自控的能力正是人类和动物的一种明显的区别。这种与生俱来的能力，帮助我们控制自己的情绪、欲望、注意力。在漫长的人生中，深刻地影响着我们的健康状况、财务状况、人际关系、事业。

米歇尔关于延迟满足的实验并没有在孩子们吃完零食以后就彻底结束。后来，米歇尔偶然和参与了这个实验的女儿们谈起了她们幼儿园时期的同学。彼时的孩童已经成长为少年，米歇尔发现，他们在延迟满足的实验中的表现与他们现在的学习成绩存在某些联系。于是，米歇尔重新联系实验的参与者，并且向他们的父母和老师发放调查问卷，请他们对孩子们的学习成绩、应变能力、人际交往能力等方面做出评判。

调查问卷收回来后，米歇尔进行了仔细的分析。他发现，实验时很快按铃的孩子在家庭中和学校里出现问题的比例都较高，学习成绩也较差。这一部分孩子普遍难以集中注意力，不适应压力，不知如何维持与朋友的友谊。与此相对，那些等待了十五分钟再吃零食的孩子，成绩较没有等待的孩子高出不少。

米歇尔将这项实验再次延续下去，他组织研究人员，对参与实验的孩子进行长期跟踪研究，直到他们步入三十五岁。研究结果表明，当初马上吃掉零食的孩子，成年以后更容易有滥用药物的问题，并且拥有更重的体重。

自控力竟然对人生有如此大的影响，当年实验的设计者和参与者恐怕都始料未及。而这个结果也给了我们更多的启发，让我们更多地审视自身的自控能力。

谁偷走了你的自控力

为了享有自由，我们必须控制自己。

——任尔夫

既然自控力对我们如此重要，那我们还等什么，赶紧用它来约束自己的行为，迈向更自律、更健康的人生吧！但是，等等，现实好像并不是那么回事儿，每当你下定决心干点什么时，脑海里是不是总响起另外一个声音，试图把你从自控的道路上拉下去？到底是谁在干扰你运用自己的自控力？

曾经听过这样一个故事：

很久以前，喜马拉雅山脚下坐落着一个小村庄，一天，一位慈眉善目的老人造访了村庄。老人告诉村民们，他知道一种神奇的法术，可以点石成金，他可以向村民们传授这个法术，但是村民们必须付出足够的学费。村民们的生活并不富裕，他们已经受够了这种拮据的生活，于是很快达成一致，纷纷回家取来最值钱的东西，当作学费交给老人。接着，他们围着老人，央求他快快施展点石成金的法术。老人把一块石头放到木桶下面，闭着眼睛，叽叽咕咕地念起咒语，然后掀开木桶，灰扑扑的石头竟然真的变成了黄灿灿的金子！村民们都高兴坏了，纷纷嚷着，求老人赶紧教他们。于是老人不厌其烦地将咒语一句一句地念给村民们听，直到脑袋最不灵光的村民也会背诵。老人笑眯眯地告诉村民，等到第二天日出以后，他们就可以施展点石成金的法术了。"我向你们保证，你们每个人很快就能拥有用不完的黄金了！"老人说道，"但是你们一定要记住：念咒语的时候绝对不能想到喜马拉雅山上的猴子！"点石成金和喜马拉雅山上的猴子有什么关系？老人这么说简直是多此一举。村民们听得纳闷，但是纷纷表示，他们绝对不会想的。那么，村民们成功得到黄金了吗？据说，很久以后有人到过那个村庄，看到不少人还会把石头放到木桶下，嘴里念念有词，并且警告自己别去想喜马拉雅山上的猴子。

那么多年过去了，没有一个人成功变出黄金，但也没人能说老人骗了他们，每个人都无法否认，他们越是警告自己不要想喜马拉雅山上的猴子，越是无法自制地想到那些猴子。

我们的头脑又何尝不是常常被捣乱的"猴子"弄得一团糟？明明知道应该出门运动，却被沙发"粘住"站不起来；明明想认真地读一本书，却忍不住点开刚更新的剧集……简直就像我们的脑子里住着两个截然不同的人！

的确有神经学家提出过类似的观点，认为我们的头脑中存在两个自我，或者说有两种思维：一个轻率冲动，追求短暂满足；另一个忍耐克制，追求长期目标。我们的行为就在这两种思维的影响下摇摆不定，既想痛痛快快地健身，练出一副好身体，又想舒舒服服地窝在家里吃吃喝喝。这种局面的产生其实和大脑的进化有关。

我们知道，生物的进化需要漫长的过程，一种功能、一个器官的出现，可能需要上万年甚至更久的时间。分子生物学家弗朗索瓦·雅各布（Francois Jacob）曾经说过："进化是个修补匠，而不是工程师。"这句话用来描述大脑的进化真是再恰当不过了。研究发现，人脑的低级部分（比如脑干和中脑），一般都是自动运作的，不需要意识控制。所以不需要大脑下达指令，心脏也能一刻不停地跳动，呼吸系统也能稳定地运转。这些功能区位于人脑的底部和后部。负责获得意识、制定决策的最高级的功能区位于脑的前端和顶端，这种分布和大脑进化历程一致。

形象地说，大脑就像一个奶油蛋糕，在进化的过程中，每增加一些高级功能，就相当于往蛋糕上多加了一层奶油，而下面的蛋糕坯还和原来一样，没什么变化。这一点得到了相关生物研究的证实，人类的脑干、小脑、中脑，和青蛙的相应组织比起来，并没有很大区别。这下我们清楚了，进化并没有对大脑进行重组，新的功能区只是"盖"在了旧的上面，因此，在几十万年以后的今天，我们的大脑还保留着为适应很久以前的环境而进化出的功能。

　　与我们的自控力关系密切的前额皮质就位于大脑的上层，至今还在进化过程中，当我们面对和远古时期差异巨大的当代生存环境时，本能和理智常常发生冲突，两种对立的想法在大脑中博弈，并且属于本能的那一方常常取胜，导致我们觉得自己毫无自控力可言。我们从课本上、纪录片上获得的知识告诉我们，远古时期，人类的生存环境十分恶劣，他们没有舒适的房屋，在洞穴中栖身；没有柔软的布料，以粗糙的织物和兽皮蔽体；对生存构成最大威胁的是没有充足、稳定的食物来源，因此，一旦获得食物，他们必须尽快吃掉，让食物转化成能量储存起来，以应对随时可能到来的生存危机。用通俗的说法来讲，人类对食物的渴望是刻进基因的本能。

　　现在，想象一下你的面前摆着一块香甜柔滑的慕斯蛋糕（或者任何你挚爱的美食），而小腹上松软的赘肉不断地"报警"，提醒你已经徘徊在超重的边缘，你会怎么做？是的，食物匮乏时期养成的远古本能认为慕斯蛋糕是绝佳的热量供应物，于是你开始分泌唾液，迫切地想大快朵颐；然而理智告诉你，你并不缺乏食物，甚至营养过剩，这块蛋糕会把你往超重的队伍猛推一把，等着吧，你马上就要扣不上最爱的那条裤子的扣子了！多么令人惊讶，进化过程中曾经帮你保命的本能如今竟然威胁到了你的健康。

　　现在，来回答本节一开始提出的问题：到底是谁在干扰你运用自己的自控力？你是不是已经知道答案了？没错，在自控这个课题上，最大的干扰者其实就是我们自己，或者，更准确地说，是我们头脑中那些已经不适应新时代的本能。这下你是不是感到松了口气？控制不住伸向甜食的手，真的不是你的错，你只是忠实地表达了本能。

有人也许会想，既然那些古老的本能这么不适应现代的生活，想办法让它们不起作用，是不是能让人类变得更优秀？现实恐怕没这么简单。大脑的构造十分复杂，不同功能分区互相关联，某一功能被遏制，可能引发一连串意想不到的连锁反应。

癫痫是一种大脑功能障碍疾病，发病原因是大脑神经元突发的异常放电。手术是治疗癫痫的手段之一，但是需要精准定位，避免损伤其他功能。医疗史上曾经发生过不幸的事件：一位年轻的女性癫痫患者接受了手术治疗，但是手术导致中脑产生损伤，因此她再也感觉不到恐惧和厌恶的情绪了。我们知道，恐惧和厌恶能够帮助我们约束自己，进行自控。之后，这名患者出现了新的问题，她控制不住地暴饮暴食，撑得吐出来才停下。因为感觉不到恐惧，她无法使自己避开危险。那些让我们显得懦弱、胆小的本能，其实可以救我们的命。

看到这样的案例，你应该不再急着摒弃自己的本能了吧？其实，如果学会和本能科学地相处，它们不但不会拖我们的后腿，还会帮助我们将身心维持在最佳状态——包括良好的自控。

别让自控的弦绷得太紧

一个人的同情要善加控制，否则比冷淡无情更有害。

——茨威格

越来越多的人认识到自控力的重要性，不少人已经迫不及待地找来了各种提升自控力的指南，按着步骤操作，希望自己成为饮食健康、作息规律、心态平稳的完美人类。做过这类尝试的读者不妨回忆一下，那些指南你都贯彻到底了吗？结果如何？有多少人遇到了这样的情况：开始的时候信心满满、斗志昂扬，唰唰写下几个目标，光是想想未来自己将变成怎样的人就激动不已；开始执行以后，要不了多久，斗志就像被狐狸追赶的兔子似的跑得没影儿了，每多做一点都得和自己斗争半天，随时都可能撂下挑子，故态复萌。本来旨在让自己变得更好的计划却弄得自己身心俱疲。有的人反复经历"制定目标——执行计划——放弃"的过程后，甚至会对自己产生负面评价，怀疑自己的能力，恐惧自己将一事无成，抱怨自己天生意志力太差，在心里默默地把自己骂得体无完肤。

现实果真如此吗？当然不是。你们真的冤枉自己的自控力了，它其实没那么脆弱。这么说可不是在给你灌心灵鸡汤，而是有生理和心理研究成果作依据的。

大部分人有过长跑的经历，有些人甚至还跑过马拉松。试着回忆一下，长跑的过程中你经历了几个不同的阶段。刚起步的时候，一切都很轻松，跑鞋轻巧舒适，就像你身体的延伸；运动衫松紧适度，绝对不会妨碍你的动作；你的心情和脚步一样轻快，你有信心在规定的时间内到达终点。此时你的心中只有一个清晰的目标，外界的因素并不能干扰你的内心，有点儿刺眼的阳光、喧闹的人群，对你来说都不是障碍。渐渐地，你跑过了半程，这时你的身体感到疲惫，脚上的跑鞋变重了，汗湿的运动衫贴着后背很不舒服，加油的人群显得吵闹，你想把全副心神放到面前的跑道上，却感觉有点儿力不从心，好像你的自控力和身体一样疲劳了。

你的感觉是对的，自控力和身体一样，都会面临疲劳。用一个形象的比喻来说，自控力就像肌肉，它有弹性，可以爆发出巨大的力量，将我们带到目的地；它也有能力极限，会疲劳，需要恢复。

你是否有这样的经历：同时制定两个或两个以上的目标，与瞄准单一目标相比，反而很难每个都完成。例如，为了获得健康的身体，你决定养成早起的习惯，并且每天健身一小时，还要戒掉嗜糖的饮食习惯。于是，你制订了一张完美的计划表，同时开始做这三件事。早早起床花费了你一些毅力，但是你做到了，不算太难。接下来的锻炼却没那么容易挺过去，当你气喘吁吁地从跑步机上下来，准备补充能量的时候，几乎没怎么抗争就给自己来了一大块奶油蛋糕。你知道这和自己的计划背道而驰，但是此刻心中渴望甜食的声音比平日任何时候都强烈。每天，相似的情形会发生在很多人身上，我们想让自己做得更好，一下子列出了一堆目标，结果却倒在了半路上。是我们太弱小了吗？其实不是。我们忽略了自己的自控能力，没有给它足够的补给时间。早起需要花费一部分自控能力，健身一小时需要的自控力更多，我们哪儿还有多余的自控力去和渴望食物的本能战斗呢？

我知道，很多人喜欢突然下定决心，告诉自己："从明天开始，我要……"然后满脑子想着自己实现目标以后的场面，豪气十足地往计划的"购物车"中塞满目标，好像在刷一张别人的卡，好像明天的自己真的会比今天勤奋一百倍。现在我们已经了解到自控力像肌肉一样需要休息，在制订新计划的时候就要量力而行，不同时开展太多计划是个不错的尝试。如果你也有提升自控力的需求，不妨从一些简单的练习开始。想想看，举重选手也不是一天就能举起 50 千克的杠铃的，长跑运动员也不是一开始就能跑下全程马拉松的。

现在，你已经对产生自控力的基础、影响自控力的因素有所了解了，大概迫不及待想运用自控力改造自己的人生了吧。接下来我们会详细地讨论关于实践的问题。

战胜自我

我不可以控制他人，但我可以掌握自己。

——亚里士多德

踏上人生这条跑道的时候，有些人刚站上起跑线就获得了精良的装备，他们拥有过人的天分，仿佛注定比其他人跑得更快、更远。但现实总会令人惊讶，"天才"也会被"庸才"超越，落到后面。现实一次次证明，即使没有超高的智商，只要坚持不懈，勇于自我突破，就能取得耀眼的成绩。天分不能带来成功，但战胜自我可以。

战胜自我，简简单单的四个字，说起来容易，实行起来必然需要巨大的意志力——也就是我们谈的自控力。只是咬牙苦苦忍受并不足以保证持久的自控力，我们还需要科学的方法。具体的方法我们会在后文陆续谈到，但是有几条提醒，希望大家从现在开始就放在心上。

一、加强目标

如果你有一个目标，不要藏起来，时常拿它提醒自己，加深它在自己脑海中的印象。当你能够时常想起自己的目标时，你的行为也会因此产生改变。比如，存一笔钱买单反相机是你的目标，那就经常提醒自己，想象拿到相机进行摄影时的乐趣。如此一来，当你准备点一杯可喝可不喝的奶茶时，你就会停下点单的手，为自己的目标节省一笔钱。

二、集中注意力

我们的大脑是个很神奇的存在，当你把注意力集中到某个焦点上时，对其他近在眼前的东西，也能视而不见。你可以在需要自控的时候充分利用这一点，摈弃杂念，把注意力集中到你的目标上。确保你的眼中只能看到你想要的东西，才不容易被可有可无的事物干扰。

三、遏制冲动

"冲动是魔鬼"，这句话我们听了没有上千遍也有上百遍了，但我们还是要继续重复，因为冲动确实值得警惕。一次冲动消费可能让我们"吃土"一个月；一句冲动的脏话可能让我们和陌生人挥拳相向，事后冷静下来，只会懊悔自己当初为什么如此冲动。那些并非出自本意的莽撞可能将我们的人生搞得一团糟。记住，要时刻警惕这个"魔鬼"。

四、拒绝拖延

有多少人拥有聪明的头脑、新奇的创意、合适的资源，却"一拖毁所有"，败在了拖延行为上。拖延就像蚕食千里长堤的蚁穴，一开始毫不起眼，可能只是"再玩五分钟手机"，长期积累下来，不但损害健康、事业或学业，还会令我们精神颓丧。拖延带来的危害甚至超出我们的想象。

知道了注意事项，还需要落到实处，这里有一份锻炼自控力的入门方法，并不复杂，你可以把它当作一项实验，亲自尝试一下。

这个实验旨在增强你对目标的渴望，还记得前额皮质中下部掌管目标和欲望的区域吗？就是要增强它的能量。

TIPS:

首先，明确完成目标后的结果。假如你有一个减肥的计划，那么完成以后你会变成什么样？不妨想得具体一些。例如，你的腰围会有怎么样的变化？皮肤呢，脸型呢？

需要注意的是，你得给这个计划限定一个明确的截止时间。刚开始的时候，可以是持续一个月的短期计划，最长不要超过三个月。这样，你不会因在执行的过程中感到遥遥无期而放弃，另外，也不会一下子就给自己规定耗时过长的困难目标。等这个目标实现之后，可以继续设置新的目标，并将坚持的期限逐渐拉长，成为长期目标。

另外，你要完成的目标任务应该有所指向，而不能只是一种简单的重复行为。比如每天背 100 个单词，这是一个没有指向的任务。你做这个任务想要实现什么目标呢？是要通过雅思考试，还是要读懂原版书？有人也许会感到疑惑，为什么"每天背 100 个单词"不能拿来当作目标？因为这种不能落到实际应用的任务，很容易让我们半途而废，我们感觉不到实现目标带来的快乐，缺乏坚持的动力。试想一下，如果目标是"每天背 100 个单词"，那什么时候能背到头呢？背这些单词又有什么用处呢？

　　最后一点，记住欲速则不达。不要一开始就制定过多的目标，可以从一个小目标开始，最多三个，并且一个一个地完成。先比较一下难易程度，从简单的开始，前一个完成了，再开始第二个。别让自己的贪心成为实现目标的拦路虎。

　　期待你完成目标时的收获！

第二章

掌控大脑：拒绝做情绪的奴隶

如果我们能左右自己的思想，就能够控制我们的情感。

——W.克莱门特·斯通

　　我们在清醒的时候，几乎每时每刻都拥有情绪，甚至在同一秒不止拥有一种情绪。我们说一句话，看一个人，做一件事，或多或少都带着某些情绪。可以说，情绪伴随着我们的一生，并在有意无意间影响着我们的行为，进而影响我们的人生。很多时刻我们觉得无法控制自己，都是由于陷入了某些不良的情绪。毫无疑问，情绪是影响我们掌控自我的一个关键因素，甚至是我们某些时期的人生基调。弄清楚情绪是如何产生的以及它的作用机制，有助于我们调整情绪、控制情绪，以实现自我控制的目标。

　　神经学家苏珊·格林菲尔德（Susan Greenfield）说过："人脑是个难以捉摸的器官。由于某些我们尚未知晓的原因，它具有了情绪、语言、记忆和意识。它给了我们推理、创造力和直觉。它是唯一一个能自我观察的器官，并且它会沉思自己的内在工作。"人脑是一个无比复杂的器官，它并不像电脑似的有一个统领一切功能的中央处理器，它是由很多次一级的系统组成，这些系统也被叫作模块。它们具有不同的功能，彼此联系，彼此影响。情绪的产生与这些模块密切相关。研究情绪的专家倾向于将人类的情绪分为两大类，即主要情绪和次要情绪。前一类包括快乐、悲伤、愤怒、恐惧、惊讶、厌恶等，后一类包括嫉妒、骄傲、罪恶感、窘迫等。

还记得我们谈到人脑的进化时做的那个"奶油蛋糕"的比喻吗？如果把大脑皮质看作最上层的奶油，皮质下面被覆盖起来的一片区域就可以看作藏在奶油下的水果切块，它们是一些由古皮层和旧皮层进化而成的组织，加上和这些组织联系紧密的神经结构和核团，总称为边缘系统。边缘系统主要包括海马体、杏仁核、内嗅区、扣带回、齿状回、乳头体。边缘系统和新皮层以及丘脑、脑干都有联系，使这些区域的信息得以交换。研究发现，边缘系统还参与协调情绪和本能，对人体生存具有重要意义。例如，边缘系统中的杏仁核可以看作"恐惧情绪的中枢"。杏仁核是一个状似杏仁的结构，它负责处理恐惧、生气之类的情绪刺激，当我们遇到突发情况，感觉"心一下子沉了下去"时，就是杏仁核在发挥作用。杏仁核受损的患者，相关功能也会出现问题，比如他们难以发现他人脸上表达惊恐的表情。另外，研究显示杏仁核还和自闭症有关。对自闭症患者的大脑进行扫描，研究人员发现他们的杏仁核活化程度较低。

情绪在生物的生活中扮演着重要的角色。秀丽隐杆线虫是一种构造十分简单的动物，它能够感知周围的环境，区分哪些情况是有利的，哪些情况是有害的，进而趋利避害，做出反应，但是它并不懂为什么存在有利、有害之分。当它感知到有毒的食物时，它会后退躲避；当它感知到震动时，也会后退躲避：它的大脑对这两种不同的情况做出了相同的反应。恐惧、厌恶、愤怒是最主要的几类原始情感，它们解释了为何动物会觉得某些东西有利或有害。如果我们恐惧某种味道，我们会进行躲避，并且关注周边的环境，留心细微的变化，如果那个味道再次出现，我们会继续躲开。当然，面对害怕的味道，我们并不会逃命似的急忙跑开，我们会相对从容地更换环境。但是，面对其他的情况，比如一辆飞快地冲撞过来的汽车，我们则会以最快的速度逃跑。这表明，面对不同级别的威胁，情感会让我们做出不同级别的应对行为。和线虫只有好和坏两种评判标准相比，我们的情绪显然更加复杂。丰富的情绪使人类产生了独特的行为方式和思考模式。

有心理学家指出，我们能够通过人体的状况来判断自身的情绪状态。例如，生气的时候，会心跳加快、呼吸急促，可能还会握紧拳头。情绪引导我们做出行动，改变所处的环境，使其更适合生存。

人类生活在复杂的大型社会中，需要处理五花八门的问题，和各不相同的人来往。因而，和动物相比，人类具有的情感更复杂、丰富。嫉妒、羡慕、幸灾乐祸、愤愤不平……我们很难用语言描绘出所有的情绪。但是每种情绪都来自明确的进化目的，复杂的情绪不过是多种简单情绪的综合。例如嫉妒这种情绪，一方面源自对某种目标（比如伴侣）的渴望，另一方面源自对威胁（比如情敌）的愤怒。

对行为背后的情绪进行剖析，有助于我们挖掘问题的根源，修正行为，避免沦为情绪的奴隶。

无用的愤怒

不要哭泣，不要放大愤怒。一切都会渐渐清晰。

——巴鲁赫·斯宾诺莎

愤怒是一种常见的情绪，个体在实现目标的过程中，遭遇挫折或经历失败后，往往会产生愤怒的情绪。愤怒不是人类专有的，它是一种原始的情绪，自然界的一部分动物也能感到愤怒，在求生、求偶、争夺食物的时候，就会表露出来。

动物行为学家萨拉·布罗斯南（Sarah Brosnan）和弗朗茨·德瓦尔（Frans de Waal）做过一项实验，将两只卷尾猴分别放进笼子，同时使它们能看到彼此。卷尾猴喜欢黄瓜，但是更喜欢葡萄。如果两只卷尾猴得到的都是黄瓜，它们不会表示不满。如果一号卷尾猴得到了黄瓜，二号卷尾猴得到了葡萄，一号卷尾猴会拿黄瓜砸实验人员，并且把笼子撞得哗啦作响。过一段时间，再重复一次这样的区别对待，一号卷尾猴会表现得怒不可遏，拍打着地面发泄怒火。卷尾猴是喜欢黄瓜的，一号卷尾猴得到的并不是它讨厌的东西，但是二号卷尾猴得到葡萄让它感到不公，因而十分愤怒。

　　这个实验不但说明动物也会愤怒，还很直观地表现出引发愤怒的原因：个体的需求没有得到满足，或者得到满足却被剥夺了。而这种不满足或被剥夺的感觉，往往需要对比才会显露。如果一号卷尾猴看不到二号卷尾猴的情况，就不会勃然大怒，而是平静地吃下自己得到的黄瓜。然而我们知道，人类毕竟是社会性动物，我们中的绝大多数人不可能脱离他人而独自生存，人与人之间必然会互相影响。于是，我们也难免因他人的种种影响而产生愤怒情绪，因此，为了更好地生活，我们需要认识自己的愤怒，疏导或者化解它。

　　回忆一下，你经常为什么事感到愤怒？早高峰拥挤的地铁站有人挡住你的路，预订商品之后商家没有兑现承诺的赠品，路过的行人往地上扔垃圾……生活中存在太多惹人生气的事，大大小小，层出不穷。

　　心理学家卡罗尔·依扎德（Carroll Izard）将令人愤怒的因素分为三类：限制、目标导向行为被打断、厌恶刺激。限制既包括身体上的又包括心理上的。在拥挤的地铁站被挡路，就是身体遭受限制；为了避免某种后果而遵守某些规则，是心理上的限制，比如不喜欢社交的人为了避免被孤立而和同事一起聚餐。目标导向行为，指为了实现某种目标而进行的行为，比如为了减肥而进行健身。当这种行为被干扰、被打断时，我们也容易产生愤怒，比如上文提到的例子，因为有赠品而预订商品，商家却以种种理由不兑现，无疑很令人生气，即使商家最后给予超过赠品价值的赔偿，不快的情绪仍然可能延续。厌恶刺激也是激发愤怒的重要因素。我们见到讨厌的事物和行为时，很容易产生愤怒情绪，比如在公共场合看到有人插队、随便扔垃圾。有时别人的行为并没有对我们的权益造成实质性的侵害，但是依然会令我们愤怒。作为社会性的群体，人们不仅会对发生在自己身上的事感到愤怒，还会因为与自己无关的事件产生愤怒情绪。回忆一下，在他人遭遇不公对待的新闻评论区，是不是经常充斥着愤怒的发言？

当人们受到刺激、产生愤怒的情绪时，身体也会做出反应，比如脸颊发红，呼吸加快，心跳加速，甚至会感到胃部不适、头痛，身上的肌肉也会紧绷。愤怒不仅会造成生理上的变化，还会驱使我们做出应对行为。一部分人选择压制自己的怒火，维持表面的平静，一部分人则会通过某些形式将愤怒表达出来。心理研究发现，表达愤怒的形式是多种多样的，但是大致可以归纳为以下几类：拒绝、躲避或结束关系、对峙、暴力。

在人际交往中，拒绝是表达愤怒的一种重要形式。你大概也遇到过这样的情况，某位舍友比较宅，没课的时候喜欢窝在寝室追剧或打游戏，于是经常麻烦寝室的其他人帮忙带饭，你当然也不可幸免。刚开始，你并没有怨言，但是渐渐地这种不平衡的状态令你感到不快，愤怒在心中隐隐成形，但你并没有表现出来。继续压抑了一段时间。在舍友又一次要求你带饭时，你终于表示了拒绝——你的愤怒表达了出来。我们知道，在这种情况下（或诸多类似的事件中），拒绝并不代表解决了问题，但是，我们还得明确，拒绝是解决问题的重要步骤。一直无法对他人表达拒绝的人，内心会产生被剥削的感觉，他们总是在满足别人的需求，自己合理的需求却被无限压制。长此以往，他们会更倾向于避免社交，以逃避剥削，因此更难建立长期的人际关系。

躲避或结束关系是另一种表达愤怒的方式。一位咨询者向他的心理医生透露，他有一位朋友，常常在聚会时开令他难堪的玩笑，他对这位朋友的愤怒与日俱增，最终他决定断绝和这位朋友的来往，结束这段并不对等的友谊。在做出这个决定的过程中，令他痛苦的愤怒给了他向前一步的勇气。

对峙也是一种表达愤怒的方式。这种对峙通常是面对面时发生的。双方会通过激烈的言辞和夸张的身体动作来表达观点，反驳对方。对峙是一种比较激烈的表示愤怒的方式，具有一定的发泄意味。

比对峙更激烈的形式，就是暴力，这也是我们最不愿意见到的形式。但是，并不是所有人都会将愤怒诉诸暴力，更多的时候，人们觉得愤怒会带来伤害，于是厌恶愤怒、惧怕愤怒，选择压抑愤怒。事实上，我们需要明确一点，感到愤怒并不会直接伤害他人，由于愤怒而做出冲动的行为才可能伤人。心智成熟的人，能够接纳自己愤怒的情绪，并避免因此伤害别人。如果愤怒一直受到压制，就会产生转化，心理学上称为愤怒的内转。压制的愤怒通常会转化成两种情绪：自责和焦虑。发展到这一步，当事人的身心健康会进一步受到损害。

现在，我们已经对愤怒有了一定的认识，那么我们该怎么解决愤怒带来的问题呢？最重要的一点：正视愤怒。不要回避你正在愤怒的现实，不要批判会愤怒的自己，也不要忙着仇视令你愤怒的人，而是去体验你的愤怒。当然，这不是让你沉浸到愤怒的情绪里不出来，而是让你看到愤怒背后藏着什么。藏在愤怒背后被压抑、被打断、被忽视的需求，才是我们真正需要关心的东西。当我们看清自己的需求时，我们自然就知道该采取什么行动了。有时候，这个过程需要一段时间，但我们又实在不想让怒火波及他人，那么不如采取一些措施，帮助我们暂时驾驭愤怒。

克制：在怒火爆发前，默默地对自己说"我不想生气，我不想发火"，可以多念几遍，给自己一种心理暗示，坚持过最初的几秒，愤怒爆发的概率就会降得很低。

转移：感受到愤怒的时候，转移注意力，去关注一些轻松有趣的事物，比如听音乐、做运动。

回避：如果确实很难克制情绪，可以尽快离开让自己愤怒的场合，不去看，不去想，让情绪自然平复下去。

诉说：向朋友或家人诉说自己的愤怒，这是一种十分有效的发泄途径，很多不良情绪都可以通过向他人诉说得以释放。

下次再遇到令你愤怒的情况，不妨试试这些方法，但是一定不要忘了，找到让你产生愤怒的深层次原因，才是从根本上解决愤怒的关键。希望你可以制服愤怒这条恶龙，不让它的怒火焚毁你的自控力。

自卑与超越

> 我很理性。很多人比我智商更高，很多人也比我
> 工作时间更长、更努力，但我做事更加理性。你必须
> 能够控制自己，不要让情感左右你的理智。
>
> ——巴菲特

如果说哪种情绪人皆有之，从富可敌国的商界大佬到流落街头的流浪汉、从光彩照人的明星到相貌平平的普通人都不可避免，大约就是自卑感了。自卑是一种神奇的情绪，它能让我们沮丧、痛苦，也能让我们高傲、自负；它能让我们碌碌无为，也能让我们奋发向上。掌控自卑是实现自控的重要部分。

如果让你在脑海中构建一个自卑的人的形象，他是什么样的？很多人可能会想象一个安静、顺从、拘谨、不善争论的形象。的确，在多数人的印象里，自卑就像一个怯懦、脆弱的小孩，自卑的人也是一副唯唯诺诺、毫不强势的样子。然而，心理学研究发现，自卑的表现远比常识中的复杂，产生的影响也出乎人们的意料。

心理学家阿尔弗雷德·阿德勒（Alfred Adler）讲述过一个

这样的故事：

> 三个孩子第一次跟着妈妈去动物园，当他们来到狮子的笼子前时，一个孩子害怕地躲到母亲身后，浑身颤抖地问："妈妈，我能回家吗？"第二个孩子没有发抖，一动不动地站在原地，但是脸色发白，说："我不害怕！"可是他的声音在颤抖。第三个孩子盯着狮子看，眼睛都不眨一下，他问妈妈："我能冲狮子吐口水吗？"实际上，三个孩子都感到自己在狮子面前处于弱势，不同的是，他们按照自己的性格，用具有个人风格的行为表达了自己的感觉。

自卑也有成千上万种表现方式。有些向心理咨询师求助的人，被问及是否感到自卑时，干脆地答道："不，我不自卑。我知道，我比身边的人都优秀。"然而，他的回答可能和实际情况并不相符。外在表现得傲慢自大的人，真实的想法可能是："既然你们都瞧不起我，我就要好好表现，让你们看看我是多厉害的人！"不少人可能遇到过这样的同学或同事：处处都要凌驾于大家之上，分吃蛋糕一定要最顶上的那颗草莓，一起上楼梯总要在别人上面一级，玩有排行的游戏总要占据榜单首位。有人会把这简单地归类为争强好胜，在心理学家看来，这些行为的背后可能藏着根深蒂固的自卑，当事人不得不做出种种偏颇的行为，来抵消自卑的折磨。

阿尔弗雷德·阿德勒为自卑下了这样的定义：当个人面对一个他难以应付的问题时，他表示他绝对不能解决这个问题，这时出现的情绪就是自卑。几乎每个人都有或多或少的自卑感，我们都渴望成为更好的人。

我们为什么会自卑？

人们的很多心理问题都可以从幼年经历中找到答案，自卑也是其中一种。成长过程中的负面体验是导致自卑的一个重要因素，尤其是幼年的体验。研究显示，人的自尊和安全感的形成，与三至四岁时的生活环境密切相关。在这个年龄段，父母的关怀和认同是安全感的重要来源。这一时期的儿童，如果能够得到父母不计条件的关怀和爱护，提出的要求能够得到回应（虽然不一定都被满足），则更容易养成健全的自尊和自信，不易受到自卑的困扰。与此相反，缺乏自尊和自信的人，往往遭受过负面的对待，尤其是来自亲近的人的。那些童年经常遭受家长、亲友、老师、同学的批评和指责，遭到排斥和孤立，或者有生理缺陷，甚至遭遇严重灾难的人，自尊会遭受很大的伤害。有些家长为了避免溺爱，对待孩子比较严厉，在孩子取得好成绩、表现优秀时才给予鼓励和认可，无形中可能让孩子认为父母的爱是有条件的，是自己做个"乖孩子"换来的。这种心理也会挫伤孩子的自尊，甚至导致他们努力讨好父母。长大以后，这种心理会继续发生作用，当事人会对自身的价值没有自信，拼命用其他东西来给自己"加价"，例如漂亮的衣服首饰、优异的工作业绩、苗条的身材，他们把这些"身外之物"看得比自己更重要。此外，他们还更容易发展出讨好型人格，让自己的生活围着他人打转。

此外，不当的比较也会增加自卑。我们无法脱离他人而生活，也无法停止比较。而比较总会带走我们的自信，让我们感到生活得不幸福。我们不仅会和他人比较，甚至还会和自己比较。和他人比较时，我们总看到别人身上优于自己的一面，同学A比自己漂亮，朋友B比自己有钱，同事C比自己年轻……于是，越进行比较，越没有自信，对自己的评价越低，甚至感觉自己一无是处，以至于完全被自卑笼罩。和自己比较的时候，我们会把现实中的自己和理想中的自己摆在一起，一边对比一边叹气。理想中的自己那么优秀，管得住乱花钱的手，管得住吃零食的嘴，坚持运动，坚持学习，克服了现实里的自己想克服的所有困难。而再看一眼真实的自己，真是判若两人。就像再苗条的女孩都会觉得自己有点儿胖一样，我们很少会对真实的自己满意。

而进一步加深自卑的则是逃避。面对问题迎难而上，解决问题，问题就不存在了。而逃避问题，问题只是看起来不存在了，实际上它一直压在我们心里，让我们对自己感到失望，感到自卑。逃避的次数越多，对自己的评价就会越低，我们的人生也就会越发偏离自己理想中的道路。

没有人能忍受和自卑长期共存，每个人都会采取行动，做出改变。一部分人具有足够的勇气，他们会直面让自己产生自卑感的环境，并动手去改变它，最终摆脱自卑。这是直接、现实并且有效的方法。有些人没有足够的勇气，或者在改变的过程中遭受挫折，失去了勇气，觉得自身的努力并不能改变自己的处境。但是他们仍然得解决自卑感。于是，这部分人会采取另一种方法——虽然这个方法对他们并没有什么好处——不再采取手段攻克难关，而是用一些想法麻痹自己，假装自己能解决困难。然而，问题并没有消失，自卑感也还在原来的地方，日积月累，悬而未决的问题造成的压力会越来越大，潜伏起来的自卑感也会越来越强烈。在他人看来，这种人没有明确的目标，没有改变现状的计划。如果他们感觉自己处于弱势，就会跑到能让自己感觉强大的环境里。例如有的人觉得难以完成工作任务让他自卑，但是他玩游戏的排名比同事们都高，就会让他感觉好受一些——虽然对完成工作并没有帮助。没有锻炼自己，真正地变强，而是让自己感觉自己更强，心理学上将之称为"自卑情结"。它可以看作自卑"变异"的产物。自卑不一定是我们的绊脚石，有时还会成为我们攀登高峰的垫脚石，但自卑情结却会拖我们的后腿，让我们碌碌无为。

适当的自卑能激发我们改变自我的斗志，让我们变得更好，但过分的自卑，甚至发展出自卑情结，则会带来麻烦，那么我们该如何解决这些麻烦呢？

一、重塑成就感

成就感可以帮助我们建立自信，冲淡自卑感。如果你不知道如何着手建立成就感，不如从写一张成就清单开始。不必是什么伟大的成就，只要是有意义的、能对你的生活产生良好影响的事都可以写下来，比如读完了一本书，为自己做了一顿营养、健康的午餐。当你写下这张清单的时候，是不是感觉自己并不是一事无成？接下来，可以开始下一步了，创造成功经验，也就是给你的清单添加新的成就。你可以从难度低的事情入手，逐渐增加难度，例如出门去看一场展览，和同事交流某个计划。完成这些事情的过程也是逐步摆脱自卑、超越自我的过程。

二、提高自我评级

对于自卑的人来说，最可怕的不是失败，而是失败之后的批评和打击，然而，给予他们最大打击的往往是自己。他们会将自己看得一无是处，用各种严厉的词汇批判自己，然而在周围的人眼中，情况完全没有那么糟糕。在克服失败之前，他们首先需要提高对自己的评级，与自己展开积极的对话，接纳自己，而非一味地自我批评。

三、积极社交，拥抱乐观和自信

乐观和自信是可以传染的，自卑的人往往害怕和他人交流，封闭自己的交际圈，越是如此越容易恶性循环。所以，要试着走出去，多接触乐观开朗的人，在和对方相处的过程中，会受到积极情绪的感染，让自己也积极起来。

别让嫉妒蚕食你的人际关系

妒忌使他人和自己两败俱伤。

——托马斯·富勒

　　一位心理学专业的学生在社交网站上分享了这样一段经历。这位学生有一个从小一起长大的好朋友，上一年，朋友过得十分辛苦，工作不顺利，感情也出现危机。过去这名学生遇到困难时，这位朋友都尽心帮忙，这次位置互换，她也对朋友伸出了援手。后来，朋友换了工作，薪资大涨，不久又开始了一段新的恋情，交往对象比前任优秀很多。出于友谊，这名学生理应感到欣慰，但是她发现自己并没有发自心底地、毫无私心地为好朋友的"转运"而开心，而是感到有些失落。她很快意识到，自己对好朋友产生了嫉妒的情绪。这个事实令她十分难受。

　　从小到大，我们难免尝到嫉妒的滋味，说实话，那真是让人十分痛苦的味道。有人说"嫉妒是长在人类心灵上的肿瘤"，真是精妙而贴切。研究发现，嫉妒情绪会激活与生理疼痛有关的脑区，怪不得嫉妒会让我们那么难受。关于嫉妒，有些说法流传颇广，例如"女人善妒"。

果真如此吗？研究发现，在亲密关系里，男性和女性产生嫉妒心理的频率不相上下，但是呈现的方式很不一样。同性之间的友谊存在性别差异，女性朋友间以分享情感为主，男性朋友间则以共同行动为主，所以我们常能看到女孩们在一起痛骂网上的渣男，男孩则一起打篮球、打游戏。基于这些差异，男性在面对社交圈中比自己优秀的人时，倾向于将嫉妒转化成认可，借此抬高自己的价值，他们会对别人说："那个很厉害的某某，我认识！"女性的嫉妒则比较情绪化，更容易从情绪上被感知。当然，这些表现只是群体的总体表现，具体到个体，则千差万别。我们在谈到人脑中控制情绪的模块时提过，嫉妒归为次要情绪，它不像愤怒那么鲜明，产生的影响却并不逊色。你大概想象不到，在一些灵长类动物身上也能找到嫉妒的影子。

倭黑猩猩属于黑猩猩的近亲，在智力方面并不比黑猩猩逊色。苏·萨维奇-朗博（Sue Savage-Rumbaugh）与罗杰·卢因（Roger Luwin）在合著的书中记录了一只雌性倭黑猩猩的故事。这只倭黑猩猩名叫玛塔塔，一天，"我"带来一个朋友，将她介绍给玛塔塔。由于嫉妒，玛塔塔不允许这个陌生人触碰任何自己喜欢的东西，例如食物、碗、毯子、镜子。一次，他们一起坐在玛塔塔附近，玛塔塔将碗递给"我"，发出声响，意思是让"我"给它拿些吃的。于是，"我"离开房间去给它拿食物，并没有带走它的碗。很快，"我"听到玛塔塔发出的尖叫声，赶紧跑回去。房间里，朋友的手上拿着玛塔塔的碗，玛塔塔正在对她尖叫，似乎要咬人了。玛塔塔发现"我"回来了，便看向"我"，又看向朋友，然后看着它的碗，继续尖叫。它的意思很明显，它在告诉"我"，有人趁"我"离开，抢走了它的碗，"我"应该帮它对付那个坏人。然后，朋友做出解释，她什么也没有做，玛塔塔主动把碗放到她手上，接着使劲尖叫，好像被欺负了。玛塔塔见到两人沟通，知道自己的行为没有奏效，变得垂头丧气，走到角落里开始打理自己的毛发。

你看，嫉妒并不是人类特有的情绪，从进化心理学的角度来看，嫉妒也是一种本能。出于争夺权益的需要，人们对超过自己或可能超过自己的人怀有恼怒和不满，进而贬低、排斥、敌视对方，或冷漠地面对对方。这种表现就是嫉妒。嫉妒令人痛苦，严重的时候，人们甚至会因嫉妒产生恨意。

嫉妒的产生与我们的动物本能有关。一方面是为了维护和扩大自己的领地及满足繁衍需求。这种情况在一些动物族群中还能看到，例如猴群的雄性首领维护领地和族群中的雌性。另一方面是为了平等地分配生活、生产资料。远古时代，物质匮乏，人们必须群体劳动才能延续种群。这种生活方式需要平等分配来维系。这样来看，是不是感觉嫉妒并非一无是处？

嫉妒是在竞争中产生的，如果合理地运用嫉妒心理，确实可以产生良性效用，比如把嫉妒对象当作要超越的目标，提升自己的能力，胜过对方。这是积极的嫉妒，它的效果和榜样作用相似。但是这类情况并不占多数，常见的嫉妒是消极的嫉妒。

顾名思义，当事人会用消极的手段对待被嫉妒的对象，比如言语攻击、背后中伤。被嫉妒的对象通常是我们身边的人，比如同学、同事、朋友。但我们很少会去嫉妒离我们的生活很远的明星或世界首富。随着社交平台的发展，有些人也会嫉妒素未谋面的网友或某些网红博主（比起明星他们更接近普通人，没有那么大的距离感）。消极的嫉妒不但会让产生嫉妒的人痛苦，也会让被嫉妒的人为难。

那么，我们应该怎样应对嫉妒情绪呢？

一、树立正确的自我认知

在日常生活中，我们应该有意识地培养对自己的客观认知，理性看待自己的优点和缺点，接受自己的不完美，不妄自菲薄，更不目中无人。如果能客观地认识自己，将减少很多产生嫉妒的可能。

二、及时感知嫉妒情绪

及时感知自己的情绪，有助于我们在被情绪操纵之前恢复清醒。如果不可避免地对他人产生了嫉妒情绪，要及时和自己对话。知道自己在嫉妒，探寻为什么嫉妒，认清嫉妒他人给自己带来的痛苦，能避免自己沉浸在负面情绪中。

三、扬长避短，改变自己

认识到自己擅长什么、不擅长什么之后，可以在擅长的领域发力，扬长避短，避免拿自己的短板和他人的优势竞争，从而减少嫉妒情绪。在此基础上，可以有计划地查漏补缺，逐步提升自己。让自己变得更好的过程，能增加自信，使人专注于自己该做的事。正如有人说过："我们生命的过程，就是做自己，成为自己的过程。"

不理智的猜疑

心思中的猜疑有如鸟中的蝙蝠，它们永远在黄昏里飞。

——培根

《吕氏春秋》中记录着一个这样的故事：

有个人的斧子不见了，找来找去也找不到。他在心里猜测是邻居家的孩子偷了他的斧子。于是这个人暗暗观察邻居家的孩子：那个孩子的走路姿势，看起来像是偷了斧子；那个孩子脸上露出的神色，看起来像是偷了斧子；那个孩子说话的语气，也像是偷了斧子。无论那个孩子做什么，在他看来，都是偷了斧子的表现。过了不久，丢斧子的人在挖水沟的时候，从土坑里找到了丢失的斧子。原来他把斧子给落在坑里了。找回斧子以后，这个人看到邻居家的孩子，再也不觉得孩子的举动像偷斧子的了。

　　这就是经典的"疑人偷斧"的故事。在读者看来，故事中丢斧子的人的想法简直莫名其妙，哪怕邻居的孩子真的偷了斧子，也不会一举一动都像小偷。更何况，孩子本来就是清白的，丢斧子的人哪来的根据认为孩子是小偷呢？这其实就是猜疑心理在作祟了。

　　人们相互交往的时候，出于种种原因，并不会将自己所有的情况和盘托出，因此，难免需要依据已知条件进行猜测，例如对方是否会接受邀请，对方如何看待自己，对方与某个人关系如何，等等。合理的猜测能帮助我们调整言行，使双方的交往更融洽。但是不理智的猜疑则会引发过激的行为，把人际关系推入深渊。

　　越是亲密的关系越惧怕猜疑。有一对年轻的夫妻，他们是高中同学，也是大学同学，多年的相处没有磨灭他们的爱情。毕业季，他们没有像其他的情侣一样走向分手，而是走入了婚姻。婚后，他们的工作都渐渐忙起来，步入社会后的心境也与学生时代不同。曾经亲密的他们之间开始出现猜疑，丈夫出差时妻子会打听同行的人员，妻子购买健身房的年卡时丈夫会猜测是否有隐情。互相猜疑令双方都感觉疲惫不堪。

　　缺乏安全感是引起猜疑的重要因素。安全感，顾名思义，即个体对稳定、安全的心理需求。心理学家亚伯拉罕·马斯洛（Abraham Maslow）认为，人体（有机体）是一个追求安全的系统，人类的智力、感受器官、效应器官主要是追求安全的工具。安全感是决定心理是否健康的关键因素，甚至可以看作和心理健康同义。马斯洛将具有安全感和缺乏安全感的人进行多方面比对，发现缺乏安全感的人经常感到自己被拒绝，受到冷落，感觉孤独，感到危险、焦虑，对他人的评价比较负面。而具有安全感的人则不然，他们感到被接受，有归属感，乐观、开朗、宽容，不容易出现自我中心的倾向。精神分析理论认为，个人的安全感与幼年时期父母的关心有关。如果在幼年时期得到父母有秩序且稳定的爱护，孩子就会对世界有安全感，觉得现实和未来有确定感和可控感。

可以看到，安全感需要人际关系中的双方共同努力，如果一方或双方无法给对方足够的安全感，猜疑和其他的问题就会陆续出现。

此外，有一部分人几乎习惯性猜疑，在没有掌握足够信息时就进行推测和判断。假想出一个结论，围绕它展开，一切思考都为结论服务，就会陷入一种错误的思维定式。这样习惯性地猜疑会损害人际关系，让受到猜疑的人感到不快。而猜疑者何尝会快乐呢？他们就像作茧自缚似的，将自己和世界友好接触的路斩断了。猜疑并不会使他们感到安全，更不会令他们快乐。存在这种问题的人应该及时止损，让自己走出自己画下的牢笼。以下这些方法可以作为参考：

一、培养信心

拥有信心是避免猜疑的基础，我们在前文已经介绍过一些增强信心的方法，不妨利用起来，重燃自己处理人际关系的信心，不被猜疑牵着鼻子走。

二、实事求是

在事实没有得到确认之前，不要盲目下消极的结论，努力以事实说话，而不是被思维定式左右。开始的时候，不妨借鉴刑事诉讼中的"疑罪从无"原则，没有充分的证据，就不给他人"定罪"。

三、理智优先，合理推论

猜疑往往伴随着埋怨、憎恶等消极情绪，情绪又会推动进一步的猜疑。发现自己对别人产生了猜疑时，不妨先给情绪降温，让理智重新回到自己的大脑里，用合理的推论来引导思维。

四、转换情境

如果发现自己暂时无法平静下来，不能理智地看待问题，不妨换个情境，在自己的舒适区中平复心情，待状态稳定以后，再重新思考。

五、积极沟通

出现猜疑，往往是沟通出了问题，获取的信息不对等。等情绪降温以后，可以采取适当的方式，提出自己的怀疑，和被猜疑的人进行交流，从而消除疑惑。良性的交流不但可以减少猜疑，还可以加深双方的了解，增进感情。万一结果不如意，猜疑得到了证实，经过之前的心理建设，也有利于采取下一步措施，避免更大的冲突。

被放纵的虚荣心

> 虚荣心很难说是一种恶行，然而一切恶行都围绕
> 虚荣心而生，都不过是满足虚荣心的手段。
>
> ——柏格森

虚荣是一种很不讨人喜欢的品质，人们很早就注意到了这种心理问题，并通过一些作品加以规诫。

《伊索寓言》中有一则著名的寓言，是关于赫耳墨斯和雕塑者的。

赫尔墨斯在古希腊神话中是掌管商业和旅行的神，同时也是众神的使者，是众神之王宙斯和风雨女神迈亚的儿子。作为地位尊崇的十二主神之一，赫耳墨斯好奇人间的民众到底有多尊重自己，于是，他来到人间，变成普通人的模样，走进了一家卖雕塑的商店。他在店里转了一圈，指着宙斯的雕像问："这个多少钱？"雕塑者回答说："一个银币。"赫尔墨斯转身指着神后赫拉的雕像问："这个呢，多少钱？"

雕塑者说："这个要贵一点。"赫尔墨斯点点头，终于指向自己的雕像，有点儿得意地问道："这个要多少钱？"他心里想，自己是众神的使者，还是商人的守护神，肯定更受敬重，价格也会更高。不料，雕塑者听后回答道："如果你把前两个都买了，这个就白送给你。"赫尔墨斯听了，被噎得说不出话，灰溜溜地离开了商店。

赫尔墨斯流露出的就是典型的虚荣心理。虚荣是一种比较常见的心理状态，虚荣的人为了赢得赞美，受到大家的关注，会故意做出一些炫耀自己的行为。比较典型的表现有跟风攀比、表现欲强烈、好大喜功、过分在意他人的评价、嫉妒等。

从根源上来看，虚荣心是自尊心扭曲之后的产物。人们都具有自尊之心，自尊是一种尊重自己，保护自己的人格和尊严，避免受到歧视和侮辱的心理。自尊心对每个人都十分重要，它可以看作"人格构成"的一个关键成分。具有健全人格的人，必然具有完整的自尊心。自尊心可以产生内在的驱动力，激励个人为了维护尊严、获得他人的尊重而努力。具有自尊心的人，往往认真、负责，为人光明磊落，愿意履行对社会的义务和对他人的责任。但是发展不良、遭到扭曲的自尊心会演化成虚荣心。过分在意自己在他人眼中的形象，盲目追求所有人的尊崇，为了达到这样的目的，人们甚至不惜撒谎。

我们在日常生活中也许碰到过这样的人，为了展示自己生活得很精致，不惜购买昂贵的衣服、饰品，但其实际收入却难以支撑如此大的开销，以至于他们不得不透支信用卡，甚至开通网络贷款。然而一只价值两个月工资的皮包，除了拿来炫耀，并不比购物袋多出多少实用功能。追求虚荣的人，往往为短暂的荣耀付出高昂的代价，曲终人散后，才发现那荣耀不过是虚幻倒影。

想要去除虚荣心，可以从以下几方面入手：

一、对话自我，明确真实的需求

问一问自己："我真正需要的是什么？我想变成怎样的人？"那些名牌包、名牌球鞋，真的能让自己变得更好吗？自己人生的意义就在于他人艳羡的目光吗？如果从这些身外之物中抽离，自己是否依然完整、独立，具有人格魅力？请注意，如果你认为自己离了某样东西就什么都不是，那么你就不具有拥有它的资格。物质应该为我们的人格锦上添花，而不是把我们变为物欲的傀儡。

二、拥抱自我，培养健康的"自尊体验"

爱慕虚荣的人需要加强自我认知，将膨胀的心收回来，着眼于现实的、有意义的事物，做到自我肯定和自我信赖，逐步建立健康的"自尊体验"。拥有健康自尊的人，能够确立理性的观点，将个人的欲望和需求控制在合理的范围内，并为之采取恰当的行为，对自己的付出和收获做出正确的评价。可以说，控制虚荣心是拥有自控力的一个明显的体现。

三、肯定自我，对不合理的想法说"不"

虚荣源自不合理的想法，而满足虚荣的行为又进一步加固了这些想法。它们会导致个人做出误判，给克服虚荣设障碍。因此，需要个人充分肯定合理的想法，勇敢地拒绝不合理的想法，拒绝虚荣的诱惑。要记住自己的目标是变得更好，而不是获得更多虚荣。

贪婪的尽头一无所有

贪婪者总是一贫如洗。

——克劳德·兰纳斯

　　如今，我们处在一个空前物质化的时代，几十年间积累的社会财富比过去上百年积累的还多。而我们的"胃口"似乎也越来越大，追求的东西不断增多，同时，感到压力越来越大的人也在增多，我们费心弄到手的那些东西似乎成了背在背上的重担，压得我们喘不过气来。有人率先提出疑问：我们是不是太贪婪了？

　　贪欲，现实地来说，古今中外，男女老幼，几乎人人都有。毕竟，我们的祖先在进化史中经历了漫长的物质匮乏时期，获取物资、囤积物资是刻在基因里的本能，是保障生存的技能。但是我们也需要看到，当代社会物质的丰富远远超出远古人类的认知范畴，我们不是物质匮乏，而是物质爆棚了。但是我们的心智却没有跟上物质大爆发的步伐，落在了后面。

　　有人可能会说，正是由于贪婪，人们才永不知足，才拼命创造更多的财富，有了财富，大家才能继续生存。这种说法乍一看似乎很有道理，然而深究起来，贪婪其实并不是有利于长远生存的做法，正好相反，是一种非常短视的做法。

计算中有一种算法，叫作贪婪算法，"贪婪"这个词十分贴切地概括了这种算法的运行方式，这个算法也形象地揭露了贪婪的本质。贪婪算法是这样运算的：在寻求某一问题的答案时，每一步都选择对当前来说最优的选择。这种所谓的最优选择是一种不考虑全局的做法，只能获得局部最优解。由于存在这个关键的特点，在使用这一算法时有一个重要的前提，就是每一步选择都必须具有无后效性，也就是说在当前的状态下无论作何选择，都不会影响下一步的状态。放到生活中来看，这几乎只存在于理想情况里。当前的选择怎么可能不对未来产生影响呢？拿贪婪促使人们创造财富的观点来说，贪婪驱使人们进行生产，竭泽而渔、焚薮而田的现象便随之出现了。在如今生产力空前发达的情况下，地球是承受不住全体人类膨胀的贪欲的。从人类共同命运的角度来看是这样，而具体到每个个体，因为贪婪而付出代价的例子也数不胜数。

有这样一则故事：

一位高僧下山讲说佛法，路过一家店铺，见店里有一尊铜铸的佛像，宝相庄严，铸造精美，便意欲请回山上供奉。于是高僧开口询问价格，不料店主狮子大开口，索要五百两。原来店主已经看出高僧十分中意这尊佛像，故意提高了价钱。高僧听后淡淡一笑，转身出去了。跟随高僧的弟子见状问道："师父不打算将佛像请回去了吗？"高僧摇摇头，慢条斯理地说："要请。"弟子不解地问："那您怎么反而走了？"高僧说道："店家欲壑难填，多说无益。"弟子说道："店家要价确实太高，师父打算付他多少？"高僧捻着胡须说道："五十两足矣。"弟子咂舌道："差这么多，店主怎么会答应呢？"高僧微笑不语，带着弟子回山上去了。第二天开始，每天都有僧人来到那家店，要买那尊佛像。第一个僧人出价四百五十两，店主不肯答应，僧人离开了。第二个僧人出价四百两，店主更加不肯，僧人又离开了。一天天过去了，新来的僧人出价越来越低，店主也越来越着急。他一方面埋怨僧人出价太低，一方面又担心继续拖下去价格会越来越低，每一天听到新的出价，都后悔没有卖给前一天来的僧人。终于有一天，僧人出的价格到了四十两，再这样下去，就要亏本了，店主决心再也不拖了，只要下一个顾客能给到五十两，他就卖。新的一天到了，高僧亲自下山来到了那家店铺，要出价五十两买下那尊佛像。店主立刻满口答应，还要赠送高僧一些香烛纸扎。高僧谢绝了店主的赠品，带着佛像返回山上去了。

我们可以看到，这个店主如果能早点醒悟，克制住自己的贪婪，所得绝对不止五十两。但是贪念一旦开始，想停下来往往需要极大的自制力。很多人应该都经历过这种情况：心心念念期待了很久的一样东西，真的得到以后就觉得没那么喜爱了，随着时间的流逝，又开始渴望另一样没有得到的东西。比如买了一支正红色的口红，又开始想买橘红色的，买下橘红色的以后，又开始想买豆沙红的，每次买之前都觉得这是最后一支，可往往很快又想买下一支了。口红只是一个小小的缩影，我们贪图的东西何止千百种。金钱、感情、名誉、权力……每一样都吸引着成千上万的人趋之若鹜。进入信息时代，在信息大爆炸的冲击下，人们甚至会贪婪地获取信息——绝大多数都是无用信息。

英特尔公司前信息技术首席工程师纳坦·塞尔德斯（Nathan Zeldes）曾撰文披露，现代人已经出现对信息成瘾的状态，不断渴望获取更多信息。这种情况会导致压力增加、无法集中注意力，当事人却难以停止这种状态。人们会不停地刷新社交平台、新闻网站，追踪不断出现的热点，仿佛错过一个消息自己就会被时代抛弃似的。这种对信息的贪婪虽然是近些年出现的新现象，但已经越来越多地影响到了人们的正常生活。长期保持这种习惯，会使大脑专注处理信息的能力减弱，更容易响应各类干扰，产生疲惫、注意力不集中等现象。

无论是过量的物质还是过量的信息，对我们都是有害而无益的。只有明白这一点，才能迈出战胜贪婪的第一步。大脑处理信息有一条原则：信息越少，效果越好。也就是说每次只专注于一个目标时，大脑处理信息的效率是最高的。这项原则也可以引申到生活的其他领域，将被各种物欲吸引的注意力收回来。专注于最重要的事情，能够帮助我们减少贪欲。

当然，也要注意到，人类是一种受欲望驱动的生物，彻底消灭贪婪是不可能的，我们能做的是在了解它的基础上约束它，与它和平共处。

来自心底的恐惧

我们唯一需要恐惧的，就是恐惧本身。

——罗斯福

　　假如你正走在一片草地上，突然，从草丛中蹿出一条毒蛇，你会做何反应？恐怕大多数人会害怕得立刻躲开。在这种情况下，我们所流露的情绪就是恐惧。恐惧是一种原始的情绪，远古人类生活在非常危险的环境里，他们可能会被猛兽追赶，被毒蛇袭击，被昆虫叮咬。在当时的条件下，个人没有强力的武器战胜猛兽，受伤或中毒很容易让人丢掉性命，因此对猛兽、毒虫以及其他种种威胁的恐惧成为能帮助他们生存下去的本能。直到今天，人类依然保留着这种本能。我们依然害怕毒蛇、蜘蛛，恐高，害怕巨响。即使在动物园的爬虫馆隔着玻璃参观，理智让我们知道很安全，本能依然驱使我们感到恐惧。

　　前文已经提到，恐惧情绪的中枢是边缘系统中的杏仁核。对人类来说，这是一套历史悠久的系统，它所掌管的功能也是比较古老的。我们所能感受到的恐惧的种类能够显示这一系统的悠久。全世界每年因车祸丧生的人数数以万计，但是日常生活中人们乘车时并不会感到恐惧。被无毒的蛇咬到并不会丧命，甚至很多时候蛇被人类发现后会抢先逃走，但是害怕蛇的人依然很多——至少远大于害怕乘车的人。这体现出人类的恐惧本能已经很老了，而且并没有进化出对新生威胁的恐惧（与进化历程相比，人类拥有文明的时间实在短得可怜）。恐惧的本能没有更新的另外一个原因是最后进化出的大脑皮层。人类的大脑皮层可以处理十分复杂的信息，通过学习，大脑皮层可以判断对我们来说哪些新事物是危险的，让我们在面对它们的时候也产生恐惧。另外，大脑皮层还能根据需要控制本能的恐惧。

当我们感到威胁，甚至面临生命危险的时候，杏仁核会抑制前额叶皮层的活动，也就是说恐惧本能压过了理性思考。这时，在杏仁核的作用下，下视丘、脑干以及自主神经系统受到刺激，连同管理记忆的海马体一起，引发一系列生理反应。于是，我们不再过多思考，立刻做出逃离危险的反应。之后，前额叶会对面临的情况进行评估，如果发现我们面临的威胁并不会伤到我们，我们是安全的，受到抑制的前额叶皮层就会抑制杏仁核的活动，于是恐惧得到限制，理智重新掌管我们的行动。以下这个场景可以帮助我们理解这种作用机制：

　　我们坐在一间房门关闭的房间里安静地读书，突然门开了，撞到墙上发出巨响，我们吃惊地站起来，一边远离门口一边观察。此时我们会肌肉紧张，呼吸变快，心跳加速，血压升高，分泌肾上腺素。接着我们发现是风把门吹开了，我们会松一口气，呼吸和心跳逐渐恢复正常。理智指挥我们重新关上门，坐回去继续读书。

恐惧本来是人类为了生存而进化出的情感，在遇到危险的时候可以保护我们，适度的恐惧能够帮助我们趋利避害，但是过度的恐惧会产生负面效果，甚至会威胁到我们的生命。如果对无须害怕的事物也表现出恐惧，或者感到恐惧的程度和持续时间超过正常限度，都会带来不便。

例如，有些人恐惧社交，让他们在公开场合讲话，简直能要他们的命。看着围在面前的一圈人，恐惧社交的人会十分紧张，甚至大脑一片空白，记不起自己要说什么，即使勉强开口，也结结巴巴、词不达意。就算周围的人都十分友善，也无法消除他们的紧张。社交恐惧是种典型的对无危险的情况过度响应，以致表现失常的恐惧症。在一些确实有危险的情况下，过度恐惧会导致人们缺乏理智，肢体不协调，进一步加剧危险处境。例如，很多溺水的人会方寸大乱，拼命挣扎，甚至在救援人员赶到时仍然无法冷静，死死抓住救援人员，使得救援行动受到干扰，甚至更加危险。

在日常生活中，遭遇危险情况属于小概率事件，更广泛地影响人们生活的是几种特定类型的恐惧症。很多人会不同程度地对一些特定的事物、场景难以自控地感到恐惧，渴望逃离。这种恐惧甚至会影响正常的工作、学习和生活，而脱离这些场合以后他们则和正常人无异。有恐惧症的人能够认识到自己的恐惧并不合理，完全没有必要，并会做出努力，以求摆脱这种恐惧。

导致恐惧症的因素比较复杂，有时是很多因素共同作用的结果。和恐惧症相关的因素主要包括遗传、精神状态、环境、性格等。研究发现遗传与恐惧症存在一定关联，但是否起重要作用，尚无有力证据支持。精神状态在恐惧症的发作中有较为重要的作用。如果当事人曾经遭遇过某种伤害，精神就容易对相似的场景更敏感，再次遭遇时更容易引发紧张、恐惧，"一朝被蛇咬，十年怕井绳"说的就是这种情况。环境和性格也与恐惧症的产生有关，胆小、怯懦、依赖性强的人更容易受到刺激，引发恐惧症。

按照恐惧的对象，恐惧症主要有以下几类：社交恐惧症、特定恐惧症、场所恐惧症。有社交恐惧症的人面对社交场合会感到焦虑，只要有可能就会努力回避一切社交活动。他们害怕出现在有人的场合，害怕被他人注意，不愿和他人近距离接触，更不敢直视别人的眼睛。恐惧社交的人并不是想切断和外界的一切联系，他们也有交流的需求，只是恐惧干扰了他们。特定恐惧症是对某种特定的物体或特定的情景十分害怕或讨厌。常见的有害怕动物，例如某些爬行动物；某种自然环境，例如打雷；特定情境，例如飞行恐惧。场所恐惧症表现为对某些特定场所十分恐惧，如广场、旷野、拥挤的公共场所、密闭场所、高处等。

如果恐惧症已经严重影响到正常生活，应该及时向心理医生求助，接受正规的心理治疗。恐惧症是种较为常见的心理问题，已经有比较成熟的治疗方案。

如果并没有严重的恐惧症状，希望通过自我努力改善现状，不再胆小、怯懦，可以尝试从以下几方面入手。

一、认识自己的恐惧

我们已经谈过恐惧的产生和作用机制，相信大家已经对它有了一定的认识。在此基础上，进一步分析自己的恐惧，认识自己的恐惧，是我们战胜恐惧的第一步。例如，有的人害怕他人询问自己的情况，因为不想和他人建立亲密的关系，背后深层次的原因是他曾经在亲密关系中遭到伤害，不再轻易地信任他人。找到恐惧背后的原因，才能对症下药，让自己走出来。

二、接受自己的恐惧

面对害怕的事物，我们会赶紧逃开，但是面对自己的恐惧，我们不能逃跑。它是我们的一部分，我们的性格、经历等一系列特有的因素创造了它，我们不可能抛开它独善其身。认识自己的恐惧以后，不要忙着排斥它。接受它，其实也就是接受完整的自己，在这个基础上，我们才能通过改善自己来战胜恐惧。

三、战胜自己的恐惧

对自己的恐惧有了足够的认识以后，我们可以着手做出改变了。首先，要明确自己的目标。比如难以建立亲密关系的人，目标是再次相信他人，那么就围绕这个目标行动。可以将大的目标拆分成几步，从小目标开始，循序渐进。例如将和他人分享今天的早餐作为第一个小目标，以后逐渐分享更多的兴趣爱好。其次，设想可能出现的失败，并告诉自己要有勇气面对它。很多时候，我们害怕的不是某个具体的事物，而是和它联系在一起的可能到来的失败。事先预想可能的失败，能帮助我们提高心理承受能力。假如有人要学习骑自行车，提前想一下失败不过是摔一跤，爬起来还可以继续学，就不会那么害怕骑到车上了。最后，在实现目标的过程中，我们要保持和自我的积极对话。我们应该都经历过脑海中有两种想法拉锯的时刻，一方告诉自己"我可以"，一方说"你不行，算了吧"。我们要做的就是理性地面对消极的想法，用实际行动战胜它。此外，我们还可以向亲近的人寻求帮助，在他们的鼓励和支撑下战胜恐惧。要知道，向人示弱并不可耻，并不懦弱，每个人都有弱点，而示弱是我们有勇气面对自身弱点的表现。

希望大家都能拥有足够的勇气，战胜自己心底的恐惧，成为更好的自己。

有远见不等于提前焦虑

> 焦虑与人类同时诞生。而且由于我们永远无法掌握它，我们将不得不学会与它一起生活——就像我们认识了暴风雨一样。

> ——保罗·科埃略

一位年轻的友人在朋友圈里感慨："明明才二十出头，正是该放肆的年纪，却一天比一天焦虑，胸中塞满抱负，却担心我的才华撑不起我的梦想……"无独有偶，另一位而立之年的友人也发出感慨："人生就像登山，登上一个高峰才发现还有更高的山峰立在面前。不继续，不行！不进则退。"

看起来，这两位友人的生活似乎都不太顺遂。但事实上，前一位友人从知名高校毕业，并顺利进入业内的头部企业，所在团队负责一项颇有前景的项目；后一位友人凭自己的努力在一线城市站稳了脚跟，如今已经是单位的高层主管，并且拥有美满的家庭。这两个人的生活在旁观者看来都足够幸福，但是当事人却不约而同地受困于同一种情绪——焦虑。

如果站在人来人往的街上做个调查，能回答自己毫不焦虑的人恐怕十分稀少。时代在发展，科技在进步，人类在变得越来越焦虑，已经成了不争的事实。我们何其焦虑！

焦虑是一种负面情绪，当人们对自己或亲近的人的安危、前途感到担忧时，就会产生焦虑。焦虑使人们紧张不安、惶恐忧愁。比如为亲友焦虑时，人们会牵肠挂肚、坐卧不安。焦虑通常在情况危急或未来难以预测时出现，状况解除焦虑也就会随之消失。但是有一部分人，即使没有特定的危急情况，也一直处于焦虑的状态，对未来感到悲观，总担心出现祸事，这就属于异常焦虑，可以算作焦虑症。焦虑症分为慢性焦虑和急性焦虑。慢性焦虑是在没有明确的焦虑原因的前提下，长期处于紧张不安的状态；急性焦虑是在特定状况下，突然发作，症状比较剧烈。

客观来看，焦虑的情绪会促使人们采取行动，调动资源，阻止情况恶化，让未来朝更好的方向发展。然而，现实中多数的焦虑都是无的放矢的、扩大化的、群体性的焦虑。我们应该听说过很多了：学习焦虑、晚睡焦虑、加班焦虑、晋升焦虑、消费焦虑、买房焦虑、知识焦虑、结婚焦虑、养娃焦虑……似乎每个人生阶段，每个选择都让人深陷焦虑。不止如此，各种媒体平台狂轰滥炸的信息还不断贩卖焦虑，不停地戳读者的痛点。我们到底为什么焦虑？

首先要注意到一点，现代社会的焦虑与快速的信息传播有着密切的关系。在庞大的信息流中，我们接收了太多看似有用实则无用的信息。我们的大脑被碎片化的信息巨浪冲击，很难有时间进行深度思考，只能看这个也有道理、看那个也有道理，觉得自己这个也该做、那个也该做。拿着那些信息里的条条框框往自己身上一套，发现自己这也不合格那也不合格，被对比得简直像个一事无成的废物。

我们应该都见过这类耸人听闻的说法：毕业五年没有几十万元存款怎么生存；我月薪两万元，在 × 市生活不够花；如果三十岁还没进入领导层，你的一辈子也就这样了……对号入座，恐怕全国绝大多数人都"没法生存""钱不够花""一辈子就那样了"。我们可以来看一组数据：2019 年，中国居民人均可支配收入为 30733 元，人均存款为 13.7 万元（截止到 2019 年 12 月月底，人民币存款余额为 192.88 万亿元，其中有大量是企业、团体、机构的存款，所以居民人均存款其实远不到这个数值）。单看最高收入前列的地区，上海以 69442 元居榜首，北京以 67756 元位居第二名；两地离人均"月薪两万元"的标准都差得很远，更不用说国内其他地区了。你看，让我们焦虑的那些所谓的标准，只是被文章作者拔得高高在上、远离现实的理想状态，绝大多数人都达不到。难道所有达不到的人都需要因此焦虑得寝食难安，惶惶不可终日吗？有远大的目标固然是件好事，但是实现目标靠的是实打实的努力，而不是超前的焦虑。

其次，我们不得不注意一种现象，因为焦虑而忙忙碌碌的人很多，但是在有效忙碌的人却并不多。有一部分人的忙碌只能算作"看起来忙碌"，这种无效忙碌，不能改变现状，反而可能因为看不到进步使人变得越来越焦虑。我们的朋友圈里应该也有这样的人：有一段时间打卡说自己在学习英语，过了一段时间又说自己买了健身课程，又过了一段时间说自己买了写作网课……他们在忙，在投入时间、精力和金钱，并展示了自己努力的过程，但很少有人见到他们展示成果。这是因为他们缺少长远的目标和清晰的规划。于是，今天被戳到外语的痛点，就开始学外语；明天被戳到健身的痛点，又开始健身；最终"四处开花"，但没有一处收获。曾国藩的家书中有这样一段话："用功譬若掘井，与其多掘数井而皆不及泉，何若老守一井，力求及泉而用之不竭乎？"意思是，用功和挖井一样，与其四处挖井但都挖不到水，不如扎扎实实地挖一口井，直到挖出水来。如果我们能做到"老守一井，力求及泉"，很多焦虑都会迎刃而解。

也许有人会说："老守一井，如果守错了怎么办？"会提出这个问题，其实还是出于对未来的焦虑——看不清状况，不知道这个专业或行业的发展前景，担心努力付诸东流。现实中，谁能真的看清未来的走势呢？每个人都不过是基于自身掌握的知识做出判断，再进行抉择罢了。如果担心自己的知识不够，就及时补充，但是不要因为焦虑而止步不前。因为不确定性焦虑得越久，设想得越多，对未来的心理落差可能越大，对自己的满意度也就越低。美国加州大学洛杉矶分校做过一项调查，研究小组对 4963 名参与者进行了长达十年的追踪。开始之前，研究人员让参与者预估未来十年自己的财富、地位、健康会发生哪些变化；十年之后，研究人员分析参与者对生活的满意度。

结果显示，预估未来变化不大的人满意度较高，预估未来变好或变糟的人满意度都偏低。研究人员认为，未来与现在相似程度高，提高了人们的延迟满足感，这些人会进行长期的规划并为之努力，换句话说，他们表现出了更高的自控能力和更少的焦虑。

　　日后，再感到焦虑的时候，不如沉下心来深入地思考一下，这件事到底值不值得你焦虑。如果不值得，就不要再为它浪费时间；如果值得，像我们前文讨论过的一样，制定目标，循序渐进地去实现，总有一天你会把焦虑变为自己的成绩。

悲观好还是乐观好

乌云后面依然是灿烂的晴天。

——朗弗罗

桌子上摆着一只杯子，杯子里有半杯水。有的人看到了会说："唉，只剩半杯水了，太糟了！"有的人会说："哇，还有半杯水，太好了！"这颗蓝色的星球上生存着几十亿人，人与人的想法千差万别，对待人生的态度各不相同，"太糟了"和"太好了"就是两种常见的观点：悲观与乐观。

悲观是一种看待事物、人生乃至社会和宇宙的消极、失望的态度。悲观的人感觉世界纷纷扰扰，人生变化无常，人活于世就是在经历苦难。他们容易陷入绝望的情绪，感到生命缺乏乐趣。这类人，在看待社会事件时也往往从消极的角度出发，认为道德退化、世风日下。与悲观相反的是乐观的态度。乐观的人容易看到事情好的一面，不容易注意到不好的一面，他们相信自己有能力解决面前的问题，即使处于困境也坚信通过自己的努力能够扭转局面，变得越来越好。乐观的人能敏锐地看到回报，但对亏损比较迟钝。

在日常生活中，思维方式极大地影响着我们的主观感受和行为方式，悲观的思维容易让我们感到沮丧和失望，乐观的思维容易让我们感受到兴奋和希望。事实上，很多悲观的想法不是真的源于现实，而是来自我们的脑海。有的人甚至一接触新的事物，还没有进行了解，就做出悲观的判断。就像上面的例子，半杯水并没有悲观或乐观的属性，但是悲观的人看到杯子没满，自然而然地就开始沮丧了。这种思想是自动的悲观思想，它总是自然地出现在悲观者的脑海里，限制他们发挥个人能力，让他们还没尝试就生出放弃的念头。他们会不断地想起自己的缺点：我不够高大，我不够美，我不够年轻，我的能力不行，我不幽默……在一系列自我否定的声音中，他们难以迈步前进，只能在原地徘徊，被越甩越远。

近日和一位老朋友聚餐，问起近况的时候，朋友苦笑着摇摇头，倒起了苦水。原来，近期他的工作出了一些纰漏，提交给客户的方案存在漏洞，老板把他叫去批评了一顿，最后说："如果你还想在这儿干，就上点儿心，拿出该有的水平来！"朋友说，老板已经让别人改正了报告上的漏洞，他连弥补的机会都没得到。在他看来，老板明显话里有话，就差直接让他卷铺盖走人了。"你说，我是不是应该主动点，把辞职申请交了？"从朋友的叙述来看，老板确实对他很失望，也说了很重的话，似乎确实不想要他这个员工了。但是，以我往日的了解，朋友的老板其实很欣赏他，很看重他的能力，这次的发火，更像班主任见到优等生没考好而感到失望，并没有要放弃他的意思。

　　朋友因为工作出差错，心情低落，再加上老板的批评，对自己的评价便更低了，于是用悲观的态度来评估整件事，甚至想要辞职。我们有时也会出现类似的状况，比如考试没考好、工作没做好，或者和朋友产生了误会，便因为这些挫折而否定自己，悲观失望。我们往往认为，是这些负面的事件导致我们感到悲观，然而事实可不一定如此。你有没有这样的经历：和朋友闹了点小别扭，暂时冷战，自己胡思乱想，觉得朋友一定对自己评价很差，也许想和自己绝交了；冷静一段时间，矛盾解除以后，问起朋友的想法才发现，朋友只不过是在气头上，从没想过要绝交，也不觉得自己很差劲。你看，很多时候是我们的情绪在引导我们对现实做出悲观的评定，而不是现实很悲观。

　　现实本身并不悲观，它是中性的（即使是人们眼中十分糟糕的情况），我们如何看待现实才是决定性因素。"你若微笑便是晴天"，看起来是一句用滥了的鸡汤文案，在心理学上却具有普遍适用性。

　　如果你真的常常感到悲观，对发生的所有事都持负面评价，可以尝试让自己的思维做出一些改变，以下几种方法也许能帮到你。

一、专注于事件，而非个人缺点

　　要改变悲观的思维不是一朝一夕的事，而且悲观的人往往有一套自成体系的思维方式，给以面前的情况种种悲观的解释。所以，不妨直接从行动入手，遇到事情以后，将注意力放到事情本身上，不要被悲观牵着鼻子走，转而去关注自己的缺点，批判自己这不行那不行。例如，想学画彩铅画，那就准备好画具、纸张，找到老师或教程，一步一步开始练习，而不是马上想："我没有绘画基础，我的手不够稳，我没有艺术细胞……"你还没有开始做，想这么多干什么，再伟大的画家，刚出生的时候也是白纸一张呀。

二、为自己生成一份客观的评价报告

悲观的人容易拿自己的一套标准来评价自己，得出自己不行的结论。想要改变这一点，不妨试试拿一套客观的标准来给自己打分。例如，你觉得自己胖，那么就对照健康体重范围表看一看，找自己的身高、年龄、体重对应的区间，看看在什么范围是健康的，如果没有超重，那么体重这一项就应该给自己一个"合格"。把一些你认为自己不行的项目列出来，逐一进行评定，最后的报告呈现的结果，也许和你认为的很不一样呢。

做到以上两点，相信你的悲观情绪会有所改善。另外，暂时转移注意力，做一些让自己放松、愉悦的事也有利于纾解悲观情绪。

谈了这么多悲观的负面影响，也许有人会想：难道悲观就完全没有好处，乐观就没有一点坏处吗？研究人员也有过这样的疑问，并展开了研究。

美国的一项研究显示，相较于偶尔发泄悲观情绪的老年人，一直乐观的老年人残疾或猝死的风险要高一些。这个结论看起来和上文的论述刚好相反，怎么会这样？

首先，我们得清楚一点，不良情绪不等于无用情绪。我们通过各种努力控制自己的情绪，调节自己的心理，是为了达到健康的平衡状态，而不是向天平的某一端倾斜。轻度的忧虑可以调动人的潜能，集中更多力量去消除不良因素，就像有的人经历过失败会更加奋发图强一样。另外适度的悲观也能让情绪有一个发泄渠道，不至于积压在心里无处可去，这是有利于身心健康的。

那么，那些乐观的老年人为何有较高的健康风险呢？他们不是应该更健康、长寿才对吗？研究人员带着疑问调查了他们的生平，发现他们更容易冒险，抽烟、酗酒的概率更高；有一部分人甚至会接触危险的事物，比如比较危险的极限运动。正是由于乐观，他们十分自信，反而做出了很多有损健康的事。悲观的人在这方面则更加谨慎，也就避免了受到伤害。这种结果看似出人意料，但确实在情理之中。

悲观与乐观，没有绝对的好与坏。正如《道德经》所说，"祸兮福之所倚，福兮祸之所伏"，我们需要辩证地看待这两种人生态度。

第三章

抽丝剥茧：谁阻碍你变得更好

如果你不满意现在的环境，你就必须改变脑中的思想。如果你的想法是正面的，你就会得到正面的结果；如果你的想法是负面的，你一定会得到负面的结果。

——陈安之

　　在漫长而短暂的一生中，我们会诞生一个又一个梦想，曲曲折折的人生路就是追逐梦想留下的印迹。在实现梦想的路上，我们会遭遇挫折，就像走了一段开阔平坦的大路，接着要走一段崎岖坎坷的小路。这些挫折有些来自外部环境，有些来自我们自己，而能否战胜挫折，披荆斩棘继续前行，从根本上取决于我们自己。但是，有时候我们会当局者迷，看不清自己到底存在哪些问题，或者知道自己存在的问题，但不清楚从哪里入手来改正。所以，我们需要一个旁观者视角，帮助我们理清头绪，找到解决问题的切入点。本章选出了现代人普遍面临的难题，逐一进行剖析，希望能为读者带来一些启发。

被懒惰毁掉的一切

> 懒惰是试金石，是分水岭，处在私人领域与公共
> 生活、现实条件和理想世界的十字交叉处。
>
> ——弗雷德里奇·詹生

近年来，"避免久坐，适当运动"的提醒随处可见，而且，有点儿出人意料，久坐一族以青少年居多，中老年人的运动量反而更大。这与笔者观察到的情况倒有几分相符：早上的公园里，晨练的多数是中老年人，年轻人的身影确实不多。在广大"90后"都开始"保温杯里泡枸杞"的时候，"一懒毁所有"俨然成了年轻人的一大危机。的确，和父辈相比，我们真的变懒了不少。而且这种懒还有从身体蔓延到心理的趋势。

懒惰，在心理上主要表现为厌倦情绪，做什么都提不起劲，散漫懈怠，整个人都松松垮垮的。我们为什么会懒惰，难道是天生的？答对了，懒惰确实可以算天生的！是不是有点儿意外？不列颠哥伦比亚大学的研究人员发现，当我们试图让身体动起来时，大脑需要调动额外的资源。根据前文的内容，我们不难想到，对于进化中的远古人类来说，节约身体能源对生存

至关重要，那么，大脑顺应需求进化出节能优先的功能也就不让人意外了。

有很多人有办健身卡的经历，但办卡以后确实坚持健身了吗？从身边朋友的经历和网友们的自嘲不难看出：有健身卡的人很多，但坚持健身的人则很少。办卡的时候踌躇满志，相信自己一定会每周来四五次健身房，每次运动两个小时，小腹上松软的肥肉很快就会跟自己说再见，过不了多久，自己也可以在朋友圈里秀一下腹肌或马甲线。但是办卡之后，上述的大部分自我期待很快就化为泡影了。开头也许会兴致勃勃地去了一两次健身房，让新买的健身服、运动鞋见一下天日，接着这些装备就和健身卡一起被束之高阁了。相似的情况还有很多：要早起，要吃早餐，要背单词……最后都败给了裹紧被子刷手机。这是我们的错吗？客观来说，确实不能算我们的错，这个问题真的可以"甩锅"给大脑的"节能模式"：不是我们不想动，是大脑不想让我们动。

心理学家还发现，行为上的懒惰能够影响我们的思想，如果做事的时候动作懒散、步伐迟缓，思想也会随之消极起来。如果改变动作，让步伐轻快起来，情绪也会更振奋。很多人应该有这样的经历：赖床到中午，慢腾腾地爬起来，整个大脑似乎都像没开机，反应慢半拍，剩下的半天几乎一直持续这种状态，到了该休息的时间，由于白天没耗费多少精力，怎么也睡不着，熬夜就变得顺理成章了。所以，长时间的行动上的懒散会导致精神状态消极、懒散。发展到这一步，懒惰带来的危害就不止"久坐伤身"这种程度了。精神懒惰的人会不愿意进行社交，即便是亲近的家人和朋友，也会减少交流。另外还会对学习、工作提不起兴趣，而且即使没做什么事情，也会觉得十分疲惫。同理心减弱，对很多事漠不关心，自己的生活也打理不好。他们倾向于贪图安逸，安于现状。一般来说，习惯于依赖他人的人更容易变得懒惰，不愿意担起责任，更加放任自己。

那么，有什么办法可以让我们不再懒惰呢？说老实话，其实没有，我们很难改变大脑在数万年间的进化中形成的运行机制。但别急着灰心，好在，我们的大脑是个可塑性极强的器官，通过不断的刺激和巩固练习，我们可以养成更多好习惯，让自己勤奋起来。

你可以将自己希望完成的目标都写下来，从中选择一两个开始执行。就像我们前面提过的一样，一开始目标不要定得太高，大目标最好拆分成几个小目标逐一完成。接下来，要着重说一下实现目标的过程中可能出现的问题。

我们每个人应该都有过"制订计划——开始实行——中途放弃"的经历。还记得本书第一章最后一节介绍的提升自控力的方法吗？那时你写下了什么小目标，执行得怎么样了，有没有遇到什么困难？如果你遇到了坚持不下去、中途放弃的情况，不要慌，这是非常正常的。心理学家丹尼尔·卡内曼（Daniel Kahneman）指出，人们对某一件事的记忆是好是坏，取决于两个节点，即事件的高峰和结束。这是一个在经济、管理领域应用广泛的峰终定律。

例如，有人要去游乐场玩，由于距离较远，前往游乐场花了不少时间；另外游玩的人很多，玩每个项目都需要排队，可以想见，这次游玩的进行过程中有不少不太好的体验。但是由于园方设施、管理出色，玩起来确实非常愉快，并且，行程结束时还有一场精心安排的表演，令人十分惊喜。所以即便中途有不便之处，游玩的人依然觉得这是一次愉快的经历，回忆起来的时候，记忆最深刻的也是开心的部分，所以他们不会排斥再次造访那家游乐园。

说了这么多，和我们完成目标有什么关系呢？回想一下，开始计划以后，你什么时候完成得最好？是不是最开始的几天？问题就出在这里，我们大多数人想要完成一个计划、培养一个习惯时，往往一开始动力最足，完成得最好，之后就越来越没有干劲，以致半途而废。套用峰终定律来看，我们把最好的体验放到了一开始，那么之后除非每天都做到那么好，甚至更好，否则我们对自己的满意度就不能保持下去，以至于灰心丧气。但是别忘了我们的大脑是有惰性的，我们的计划很容易在后续执行的过程中打折扣。那么怎样开始才是合适的？很简单，目标定得低一点，做得差一点。人们都说"万事开头难"，这次要反过来，"万事开头易"。比如，你的计划是每天写五十个毛笔字，那么不妨第一天写一个，对你来说，这应该实在没有什么难度，第二天保持也没什么压力。接下来可以每天多写几个，在自己不感到困难的情况下，花上一段时间，逐渐增加到每天写五十个字。这样做，比第一天就写五十个字，然后一天比一天难坚持下去，要轻松得多，也更容易把新习惯固定下来。

现在，你可以把半途而废的目标翻出来试一试了。相信你会有不一样的体会。

真真假假的拖延症

要立即行动，不要拖延。

——林肯

名称：拖延症
常见症状：拖延、自责、自我否定
病因：任务难度、个体差异、环境影响
并发症：焦虑
治疗：暂无特效药

不知不觉间，拖延症似乎成了一种"流行病"。在校园里或公司里问一问，半数以上的人会说自己有拖延症，这简直堪称现代人治不好、戒不掉的一大"顽疾"。还有人把拖延症当作回收站，无论做什么没成功，都往拖延症上一推，"没办法，都怪我的拖延症"。拖延症是否真像我们以为的那样广泛存在且不可抗拒？

拖延症，顾名思义，就是明知道应该去做某件事，却推迟行动的行为。而且拖延的人往往并不享受拖延的过程，他们一边拖延该做的事，一边焦虑、担忧，直到最后的时刻才匆匆忙忙开始赶工。如果是学生，他们总会把复习计划一推再推，即使打游戏、看漫画也不肯看书，直到考试前才熬夜突击背书；如果是员工，他们会把工作往后推，玩手机、聊天，到最后一天才赶着写报告。如果询问他们的感受，他们会表示拖延的过程并不快乐，但就是忍不住。拖延症和强迫症、恐惧症等心理疾病不同，心理学上并不把拖延症看作一种疾病。但是如果拖延症十分严重，伴生强烈的负罪感，过度自责、自我否定，出现焦虑、抑郁的症状，则需要加倍注意，及时进行干预，防止进一步恶化。

有的人会把拖延和懒惰混为一谈，认为拖延就是因为太懒了，然而，从心理学的角度来分析，拖延和懒惰是有区别的。关于懒惰我们在上一节已经讨论过了，它很大程度上源于我们大脑的本能。拖延也和大脑的功能有关，我们的大脑对情绪反应较为敏感，但是进行情绪控制和执行则难度较高。所以当我们不愿做某件事的时候，我们能明显感受到反感的情绪，却不容易克制住这种情绪并付诸行动。于是，拖延的行为就自然而然地出现了。

什么导致我们拖延呢？让人选择拖延的因素很多，归纳起来大致有以下几类。

一、没有明确的目标

缺乏目标会导致泛化的拖延症，觉得什么都没有非做不可的必要，遇事能拖则拖，实在拖不下去的时候再马马虎虎做一下。

二、畏惧失败

需要做的事情太多或任务难度太大的时候，人们很容易产生畏难心理，不自觉地想要躲避，拖延就成了逃避的一大手段。

三、畏惧成功

是的，你没有看错，确实有人会畏惧成功，并且为此选择拖延。这类人一般具有讨好型人格，认为自己不表现得出众就能更好地融入群体。

四、缺少肯定

奖励机制在调动人们的干劲儿方面具有关键性的作用。如果进行某项任务的时候不能得到及时的奖励，大脑就会缺乏动力，进而引发拖延。这和我们更倾向于即时满足而非延迟满足的本能有关。

五、享受拖延的隐藏奖励

这个原因看起来有点儿匪夷所思，但是背后的原理广泛地影响着我们的日常行为。弗洛伊德最早注意到这一现象，他发现患有歇斯底里症的病人并不倾向于治愈疾病，反而对自己的病产生了依赖性。他们更喜欢因为疾病而受到关心的感觉，而且可以因病逃避工作和责任。他们无须费心控制自己的情绪，可以随时随地表现出怒火和不满，病人这个身份给了他们理直气壮的底气。即便经过治疗，病情减轻，有些患者依然不会振作起来。拖延的人有时并不觉得拖延一无是处，为了拖着不做某件事，他们会找各种事情——甚至是他们曾经拖延了很久的事来做。比如需要写稿的人，会去看一部拖了很久没看的电影，或者整理房间，直到截稿日来临前才开始写作。在此过程中，他们享受到了其他的事带来的乐趣。有些时候，某些计划要做的事，甚至会在拖延的过程中被从计划表上删去，因为拖延的过程也是筛选的过程，非必要的事情就被筛掉了。

当然，不管怎么说，有很多事拖到天荒地老也必须得做，这时候我们就得采取一些措施把拖延关进笼子里。

既然是必须要做的事，说明已经有明确的目标了，在此基础上可以制定一个奖励机制，就像牧羊人拿着青草引诱山羊一样，让懈怠的大脑跟随奖励动起来。

哥伦比亚大学的研究人员海蒂·格兰特·霍尔沃森（Heidi Grant Halvorson）提出了一个"如果–那么"法，来帮助人们解决拖延。首先，你要明确自己当前的任务需要做什么，你要在什么时候完成它。当你想要拖延的时候，就拿它们来提醒自己。例如，你有一堆工作邮件需要回复，但是你想拖着不回，这时你可以告诉自己"如果现在是中午十二点，我就不回邮件了"，但是在此之前你需要去做该做的事。这样我们的大脑会得到执行和停止的信号，不容易陷入无尽的拖延。

俗话说："病来如山倒，病去如抽丝。"拖延不是一天养成的，也没有立竿见影的根治方法。我们要结合自身情况，尊重大脑运行的特点，理性地看待拖延、改善拖延。

人人都是购物狂

奢侈永远不能与正直和睦相处。

——卢梭

　　随着移动互联网的发展，人们生活的方方面面都被打包进了手机里，衣食住行，全方位涵盖，感到生活更加便利的同时，有人发现，花钱也更容易了。基于大数据的精准推送，一年到头不重样的促销活动，深入各类应用的边边角角的硬广、软广，每天不买点什么，似乎就不是个合格的现代人。到了年底，看着支付应用推送的年账单，我们不禁不约而同地发出两个直击灵魂的质问：我哪儿来那么多钱？我的钱都去哪儿了？一夕之间，我们好像都成了不计后果的购物狂。然而事实真的是这样吗？

　　对物质的占有欲，是人类的一种本能，但是我们的理智能帮我们把本能控制在合理范围内。但是这种控制有减弱或失灵的时候，于是，本能就跑出来捣乱了。购物狂会疯狂地购买各种各样的物品，例如衣服、饰品、球鞋，等等。对于他们来说，遇到开心的事要购物，奖励自己；遇到难过的事要购物，安慰自己；就算没什么事发生，也可以购物，就像别人去打篮球、跳舞一样。疯狂地购物，尤其是在自己经济能力有限的情况下频繁购物，背后可能隐藏着一些心理问题。

购物常常成为压力过大的人群的发泄渠道。现代社会的运行节奏过快，人与人之间的联系也不如过去那般紧密。人们在生活中遇到压力，不方便通过倾诉宣泄出来，于是一些让人有宣泄感的行为成为首选。有的人选择暴饮暴食，有的人则选择买东西。

心理受过创伤、比较孤独的人，也容易成为购物狂。例如有的人在少年时期因外在形象而自卑，成年后，拥有可自由支配的收入，很容易出于填补创伤的需要而大肆购物。他们的购物存在一定的倾向性，例如因童年缺少零食而大量购买零食。这类购物行为有时比较隐蔽，不像典型的购物狂似的疯狂购买，但是如果当事人留心，就会意识到自己在某些方面的支出已经严重打乱了自己的理财规划。

虚荣也能催生购物狂。因虚荣而疯狂购物的人，大多倾向于购买能向他人展示的、价值比较高昂的商品。这类人很容易在名牌货上投入更多资金，也容易跟风买入一些华而不实的网红商品。

从众心理也是推动人们"血拼"的一大因素。不但购物狂会因为从众心理掏腰包，很多购物频率比较合理的人也会时不时因为从众心理花冤枉钱。

精明的商家还会采取各种手段推销商品，让我们心甘情愿，甚至迫不及待地捧上钱包。打折就是一种商家广泛采用，而让人们很没有抵抗力的手段。而且越是想要省钱的人越容易被打折商品吸引，从而买回更多打折商品，花掉更多的钱。在他们看来，遇到打折的商品不买，不是省钱了，而是吃亏了。心理学上有一个名词可以解释这种行为：光环效应。光环效应是一种类似爱屋及乌的心理反应，某个人或某个物品具有一个优点，这个优点就会像光源一样散射开，遮盖其他的缺点。举个例子，如果我们喜欢某个人，就会不自觉地放大他吸引我们的闪光点，而忽视其他缺点，这一情况在追星族身上就很常见。而对想要省钱的人（要知道，绝大多数的人都不愿意多花钱）来说，打折就是最大的闪光点，在这个优点的对比下，可能用不上、家里已经有很多了、样式不是自己喜欢的等缺点都变得可以接受甚至忽略了。于是，我们忍不住往购物车里放上一堆打折商品，看着优惠总额开心得仿佛白白赚了那么多钱似的。事实却是，我们花了很多钱，买回了很多不一定会用的东西。

　　除了打折商品，还有一种购物陷阱值得大众警惕，那就是平价商品，更准确地说是平价替代商品。这个词，关注护肤品、化妆品的女性读者可能听得比较多。一些博主或平台经常会推出清单，号称某些产品的功效可以作为某个大牌产品的替代品，但是价格比大牌产品便宜。除了护肤品之外，衣服、饰品、模型等，很多商品都有所谓的平价替代。这类商品往往销量很大，消费者在购买时也觉得自己占到了便宜，花很少的钱得到了与昂贵几倍甚至十几倍的商品接近的回报。事实果真如此吗？有一些购买平价替代品经验的人应该明白，一分钱一分货，用在这里再合适不过了。尤其对一些非消耗品来说，购买平价替代品反而容易造成浪费。比如服装，平价产品的"买家秀"和"卖家秀"经常有云泥之别，拿到手上要么觉得剪裁不合适，要么觉得用料太廉价，穿过一两次就压箱底了，结果投入了不少置装费，拉开衣橱依然觉得没有衣服可穿。

如果希望停下买东西的双手，做一个理智、精明的消费者，首先得明确自己是出于什么原因盲目消费的。如果存在心理问题，购物只是一种外在表现，那么就需要从根源上入手，必要时寻求心理干预，心理问题解决了自然就不存在购物方面的困扰了。如果是消费观念没有成型，经常掉进消费陷阱，可以尝试一些躲避的方法。以下是一些建议，大家可以根据自身情况酌情运用。

一、拖延一下再买

当看中某样商品时，如果不是急用的必需品，可以告诉自己"我可以改天再买"，经过一段时间的头脑降温和考虑，你可能就不是那么想买了。

二、写一张购物清单

如果带有目的地去采购，最好把需要购买的商品提前列出来，到时候照着清单购买，不在清单上的商品再感兴趣也要控制住自己。

三、记账

购物之后养成记账的习惯，分门别类地记录自己花了多少钱，一段时间以后就会对自己的消费结构有个大致的了解，也方便基于账单制订切实可行的理财计划。

四、现金支付

在移动支付大行其道的今天，提起现金支付无疑给人一种开倒车的印象。但不能否认，使用现金我们会更有正在花钱的实感，对于习惯性透支的消费者格外有效。当我们花出去的钱不再是手机上跳动的数字，而是钱包里的真金白银时，我们能切实感受到：我在花钱，钱正在变少。这有助于我们控制自己购物的欲望，把钱花到真正需要的地方。

逃避的是责任还是人生

> 幸运并非没有恐惧和烦恼，厄运并非没有安慰与希望。
>
> ——培根

"从明天开始，我要努力学习 / 我要攒钱 / 我要早睡早起 / 我要每天运动一小时 / 我要好好生活……"

曾经多少次，我们信誓旦旦地立下目标，满怀希望，认为"从明天开始"自己一定会充满动力、积极向上，做到今天的我们不愿去做的事。因为有了"从明天开始"这个理由，今天的我们仍然在继续过着过去的生活，甚至为了弥补"从明天开始"辛苦起来的自己，允许自己放纵一下。明天就不能吃垃圾食品了，所以今天要多吃一点炸鸡；明天就不能睡懒觉了，所以今天要多睡一会儿……那么，那些"从明天开始"的计划都实现了吗？我们大家都心知肚明。而且，今天依然有很多"从明天开始"的计划在陆续诞生。

很多时候，逃避能让我们轻松很多，而且不会带来什么天塌地陷的严重后果。就拿减肥来说吧，今天开始或明天开始，看起来区别不大，甚至直到下周再开始看起来也没什么不好。所以，我们中的很多人几乎习惯性地逃避，唯恐辛苦马上降临到身上。我们逃避的仅仅是辛苦和责任吗？

回想一下，你小时候的梦想是什么？答案肯定五花八门：科学家、建筑师、军人、企业家……

有人梦想长大后成为优秀的舞蹈家。这是一条辛苦的道路，得从小坚持练形体、练动作，不知要付出多少汗水，经历多少伤痛。于是，有人逃避了，躲掉了一节又一节舞蹈课，躲过了一次又一次训练。最后梦想就只是梦想，他们逃掉的并不是一点辛苦，而是一种人生的可能性。

那些逃避减肥的人可能过早地遭受高血脂、脂肪肝的困扰，失去健康；那些逃避学习的人，可能考不上心仪的学校，走上另一条人生路；那些逃避工作的人，可能一年又一年碌碌无为，在社会转型的大趋势下越落越远，某天突然发现自己被时代远远地抛弃了……

我们为什么这么容易选择逃避？难道我们真的愚蠢到分不清哪种选择对自己更好吗？当然不是。绝大多数时候，我们都能区分出更符合长远利益的选项，但是我们常常没有足够的精力来克制自己，选择最优解。套用一句流行语就是：我们的能力撑不起我们的野心。

在如何选择的问题上，行为经济学家理查德·泰勒（Richard Thaler）与法律学者卡斯·桑斯特（Cass Sunstein）提出了一个概念：选择架构（choice architecture）。合理的选择架构能够让人们更加轻松地做出正确的选择。例如，多数人不介意甚至乐意为公益项目捐款，但很少会特意去寻找渠道捐款，因此在收银台设置捐款箱或在顾客提交订单后弹出公益项目的窗口，会让很多人随手捐款。选择架构能够引导人们做出选择，所以它在商店、超市运用得很广。但是商家可不是为了让我们养成好习惯，而是刺激我们继续消费。如果你留心超市收银台旁边的货架，就会发现那里往往放着糖果、巧克力等非必需，但是刺激购买欲的商品。很多人会在排队结账时往货架上看上几眼，然后拿起两条巧克力丢进购物车——虽然它们并不在购物清单上。

我们每天需要进行的选择实在太多了，它们很多并不起眼，但是无一例外在消耗我们的自控力。当我们的精力消耗到一定程度时，我们就会放弃挣扎，选择不具有长期效益但是更简单的选项。你也许会觉得这有点儿匪夷所思，太像给逃避找借口了。大家不妨进行一个小实验：从起床开始，记录一下自己每天要做出多少个选择。从被闹钟叫醒开始——是立刻起床，还是再躺五分钟——选择已经开始了。

大家可以先猜猜看，一个人一天需要做多少个选择。有统计显示，人一天会做两百多个关于食物的选择。你没看错，一天之内，仅仅关于食物的选择就有这么多。很多时候我们并没有意识到自己在做选择，但其实已经在为此耗费脑力了。这样来看，选择逃避的自己是不是也没那么不堪了？

的确，我们选择逃避的行为值得理解，但是理解并不能解决问题，我们依然在不断做出不符合长远利益的选择，依然让逃避带跑我们的人生。而要控制住这个势头，就需要恢复精力，保持足够的自控力。最行之有效的手段就是精简目标。要接受这个事实，大多数人的能力确实撑不起野心。想要变得苗条，同时掌握一门外语，此外还要提升职位，我们可以评估一下每一项目标需要做出多少选择、耗费多少精力。别忘了，我们是普通的血肉之躯，不是超人。

给自己定的目标太多，选择就多，可逃避的借口就多。选择一个主要目标坚持下去，才能最大限度地避免逃避。不要寄希望于"从明天开始"的那个自己了，试着从现在开始吧。

一杯奶茶的诱惑

只有抗拒诱惑，你才有更多的机会做出高尚的行
为来。

——车尔尼雪夫斯基

不知不觉间，奶茶成为很多人的一日标配。忙碌了半天，
下午茶时点杯奶茶，犒劳一下自己，实在不算过分。即使自己
没有喝奶茶的打算，办公室的其他人一起头，自己也很容易就
加入了，同时还能增进一下同事感情。但是这个习惯却对健康
不太友好，也对渴望储蓄的人的余额不太友好。于是有些人一
边喝着奶茶一边暗暗发誓：一定要戒掉奶茶！

为何一杯小小的奶茶具有这么大的诱惑呢？

1927 年，俄国心理学家伊凡·巴甫洛夫（Ivan Pavlov）做
了一个著名的行为心理学实验——条件反射实验。巴甫洛夫发
现，如果在给狗喂食之前摇铃铛，一段时间之后，即使没有食
物，狗听到铃声也会流口水。这说明狗将铃声与奖励——食
物——联系在了一起。几十年之后，神经科学家布莱恩·克努
森（Brian Knutson）进一步阐明了这一实验背后的机制。克

努森指出，大脑分泌的神经递质多巴胺会让人们渴望得到奖励——就像巴甫洛夫的狗流着口水期待食物一样，但是多巴胺不能让我们感受到得到奖励的快乐——就像只听到铃声而没有得到食物的狗感受不到进食的快乐。

让我们心生渴望的东西都能刺激多巴胺的分泌，比如美味的食物、丰厚的薪水、心仪的对象，等等。在多巴胺的驱使下，我们会一遍又一遍地重复那些刺激它分泌的行为。比如在美食前徘徊，对着美食咽口水的时候，我们会唾弃自己毫无自制力，尤其对于需要严格控制饮食的人来说，实在是种煎熬。这种机制源于求生的本能，物质匮乏时期我们必须采集果实或打猎才不会饿死，为了激励我们行动，大脑诞生了一套奖励系统，利用渴望驱使我们动起来。到了现代社会，令我们渴望的东西越来越多，它们都会刺激我们的大脑，让我们像巴甫洛夫的狗似的流着口水追逐。但是，追逐的行为并不会让我们快乐，获得"食物"也不一定像期望的一样快乐。这是怎么回事呢？

这要从多巴胺的作用说起。多巴胺产生于大脑的基底核的两个区域，并沿着两条通路分别到达前额皮层和纹状体。多巴胺带来的不是快乐，而是承诺奖励，更具体地说，是奖励的预测误差。怎么来理解这种预测误差呢？举例来说，一位工人发现工厂的工艺存在缺点，钻研之后，想出了改进办法，工厂不仅采纳了他的办法还大力奖励了他。对于这位工人来说，他一开始并没有期待得到奖励，也就是对奖励的预测是零，得到奖励对他来说是个惊喜，也就是说预测误差很高，所以得到奖励的时候多巴胺会短时间内大量分泌。在之后的工作中，这位工人还会发现一些改进方法，与第一次不同的是，在发现方法的过程中多巴胺就开始分泌了。而再次因提出改进方法而受到奖励时，即便奖励比第一次更大，他感到的快乐仍会比第一次少。因为，快乐不取决于奖励的大小，而取决于奖励的意外性。因为他在发现方法的时候已经对奖励有所期待，所以如期待的一样获得奖励带来的快乐就打了折扣。比如，我们为了考试得高分而刻苦学习，我们心里有个预期，知道刻苦到什么程度能得到什么样的分数，所以，考试结果出来的时候，高分会让我们快乐，但不会让我们特别惊喜。只有那些没有努力学习还拿了高分的人才会格外开心。

现在，回到一开始的话题，为什么我们抵抗不了一杯奶茶的诱惑？因为我们本能地渴望快乐，大脑知道喝奶茶让我们快乐，所以多巴胺驱赶我们追逐这个快乐，甚至想要喝奶茶这个念头比喝到奶茶还要令我们上瘾。将情境从个人扩大到整个办公室，为什么和大家在一起的时候更容易喝奶茶？因为意志力可以传染。如果你正在戒奶茶，邻桌的同事则要喝奶茶，这时你很容易受到影响放弃坚持。如果你调动自控能力抵挡住了这次诱惑，也不要忙着松一口气，因为你的这个行为很容易触发"许可效应"的陷阱。当你做了一件令自己满意的事，甚至只是想了一遍令自己满意的事时，就可能触发"许可效应"，允许自己向本能的冲动做出妥协。例如，你今天出色地完成了一项高难度的工作，虽然你还在节食期间，但是你有很大的可能性允许自己在晚餐时饱餐一顿，美其名曰"犒劳辛苦的自己"。所以，当你拒绝了一次奶茶的诱惑后，很有可能为了奖励自己而吃下更多的巧克力。

从根源上来看，我们之所以奖励抵制住奶茶的诱惑的自己，是因为我们觉得喝奶茶是不好的，不让自己喝奶茶是一种惩罚，所以进行自控是一种惩罚。这源于我们的认识误区，其实，不喝奶茶是件正确的事，可以让我们摄入更少的糖分，更有利于身体健康，所以阻止自己喝奶茶并不是惩罚，所以我们也不需要奖励作为安慰。

很多时候我们无法克制坏习惯，是因为我们把自己放到了坏人的位置上，觉得自己就应该是贪吃、懒惰、冲动的，觉得欲望就应该被抵制和约束。事实恰恰相反，渴望变得更好并不断做出努力的才是真正的我们，即使被一些不适应现代生活的本能拖后腿，我们也没放弃变得更好的期望。所以，抵挡奶茶的诱惑，从认识真正的自己开始吧。

被伤害的总是最亲密的人

我们的无理的憎嫌，经常伤害了我们的朋友，然
后再在他们的宅兆之前椎胸哀泣。

——莎士比亚

"我最深爱的人，伤我却是最深"，这是一首老歌的歌词，也是很多人发自心底的感慨。回首走过的人生路，给我们的心灵留下最深的伤痕的往往是最亲近的人。小时候，我们可能因父母疏于照顾或过于严厉而留下创伤；长大后，我们可能因朋友的背叛或爱人的离去而痛彻心扉。在与亲近的人相处时，我们不仅可能受伤，成为被害者，也很有可能对他人造成伤害，成为加害者。亲密关系需要关联方共同维护。

亲密关系中的伤害行为叫作"日常性攻击"。与我们平常的理解不同，这里的"攻击"包括两方面：一类是直接攻击，例如责骂、殴打、虐待等；一类是非直接攻击。非直接攻击可以细分为两小类：一是毁坏对方的物品、通过其他人进行伤害等间接攻击；一是不回信息、玩消失等被动性攻击，也就是冷暴力。冷暴力看似不会造成实质性伤害，但是它带给被害者的精神伤害往往比直接的暴力更严重，更值得警惕。

一个人在人际交往中，和不同的对象间会有不同的界限。虽然绝大多数人不会列出清单：和 A 保持几米距离、和 B 保持几米距离……甚至不会意识到自己的脑中存在人际界限，但这些无形的边界是真实存在的，一旦有人越界，我们就会感到不舒服。亲密的人关系很近，不等于界限不存在，然而亲密关系中更容易出现侵犯边界的情况。这一点很好理解，我们一般不会在意陌生人做了什么，却很在意亲近的人在干吗，例如，家长翻看孩子的个人物品，恋人之间查看对方的手机。即使关系再亲近，被侵犯边界的人依然会感到不舒服、感到压力，如果这种情况屡次发生，他们就有可能进行反击，通过伤害对方的方式来表达不满。

在亲密关系中，距离确实是个很难把握的问题，"近之则不逊，远之则怨"用来概括这种关系再合适不过了。侵犯界限，距离过近，感觉受到侵犯的一方会使用攻击来获取自由和独立。而距离过远，一方想获得另一方更多的注意力，也有可能采取攻击行为来博取关注。

除了界限和距离，期待也是引起亲近的人彼此伤害的一个原因。我们普遍对于亲近的人抱有更高的期待。父母认为孩子应该体谅自己的辛苦，孩子认为父母应该无条件爱护、支持自己，恋人认为对方应该无条件地爱自己、迁就自己。我们在外面跌一跤，摔得鼻青脸肿，不会在意陌生人没有扶我们一把；但是，在家里擦破一块肉皮，亲近的人晚关心几分钟，我们便觉得委屈。一旦对方无法满足自己的期望，我们就会感到受伤，并且很有可能利用攻击对方的方式表达不满。父母批评孩子，孩子反抗父母，恋人互相抱怨、吵架。

然而很多时候，这种彼此的伤害是可以通过沟通解决的。需要注意的是，沟通要讲究方法。例如辛苦工作一天的妈妈回到家，孩子希望她陪自己玩一会儿，如果妈妈干巴巴地说："别吵我，你自己玩吧。"然后自顾自地去休息，孩子就会感到受到了冷落，觉得妈妈不够爱自己，有些急躁的孩子还可能缠着妈妈闹脾气，妈妈也会埋怨孩子不懂得体谅自己。如果一开始妈妈能耐心一些和孩子解释："妈妈工作了一天，很累了，需要休息。你先自己玩一会儿，妈妈休息好了再陪你玩好吗？"孩子更容易接受，也更容易体谅妈妈的辛苦。

亲近的人普遍相处的时间更长，而相处的时间越长，彼此伤害的概率也就越高。有过和亲近的人分离的经历的话，应该会注意到，分开的时候想起的最多的是对方的优点，是在一起相处时的温暖的回忆。所以分离时我们渴望回到对方身边，渴望重聚。但是朝夕相处时，就很容易盯着对方的毛病，起床的时间、刷牙的方式都可能成为被指摘的缺点。例如，远离家乡上大学的学生，刚刚放假回到家时往往被父母当成宝贝，父母对其嘘寒问暖，还会做上一桌丰盛的饭菜。几天以后，就开始被父母"嫌弃"了，玩游戏要被批评，睡懒觉要被批评，挑食也要被批评。虽然每个家庭都有一套独特的相处方式，家庭成员一般都习惯了，但是过多的批评还是可能带来伤害。

　　亲近的人之间的伤害不容易被察觉。例如，新买了一件衣服，如果同事说不好看，我们就会感觉很受伤，如果亲近的人这么说，我们可能不太往心里去。另外需要注意的是，亲近的人之间的伤害很容易被淡化处理，既不会认真道歉，又不会理性分析，检视这段关系存在的问题。大家在习以为常的模式下继续生活，使伤害事件不了了之。这给亲密关系埋下了隐患，这样的关系也难以称为健康的关系。

　　经营亲密关系是一个需要我们花费漫长的时间去探索的课题。多一分自控，不要放纵自己的行为和情绪，是一个好的开始。

第四章

循序渐进：重新掌管自己的人生

人生的光荣，不在永远不失败，而在于能够屡扑屡起。

——拿破仑

　　我们的人生到底谁说了算？你是否也遇到过这样的时刻：需要做出选择的时候，头脑里好像有两个小人在打架，一个要拉着你向东，一个要拉着你向西。有时候你犹豫不决、举棋不定，机会就这样溜走了；有时候你不堪烦恼、冲动行事，结果做出了让自己后悔的决定。好些时候，我们的人生似乎不是自己说了算，回头看看走过的路，做过的抉择，还是懵懵懂懂。有人会想，连自己的人生都把握不住，还谈什么自控力呢？其实，很多时候我们的问题出在思维方式上，同样的问题，不同的思考方法，会得出完全不同的答案。这一章就会从相关方面入手，引导大家调整思考的方式。

追求逻辑，斩断思想的乱麻

不合乎逻辑的观点只需一根绳索就可将它绞死。

——比勒尔

在人际交往中，我们有时候会遇到这样的人：啰啰唆唆说了一车话，仍然解释不清楚一件小事，换个人来，三五句话就说清楚了。是那些人太笨了吗？好像也不是，他们往往能在自己擅长的领域做出不错的成绩，比如他们可能是专业设计师或高级程序员。那么问题出在哪里呢？十有八九是表达的时候没有理清逻辑。逻辑对认识事物、表达思想至关重要。培养逻辑思维能力，对于我们认识自身、认识世界、整理自己的思想、调控自己的行为都有重要的作用。

人类的思维方式可以分为几类：创造性思维、逻辑思维、系统思维、换位思维，其中逻辑思维是最基础的一种，是其他思维方式的基石。逻辑思维能力指的是进行正确的、合理的思考能力，它要求我们观察事物，进行分析、概括、判断、推理时，使用科学的方法，将自己的思维准确地有条理地表达出来。逻辑思维能力不仅是进行学科研究必备的能力，也是处理日常生活中出现的问题所需要的能力。

在现代社会，知识和信息都呈爆炸式增长，我们能获取的信息很多，能利用起来的却很少，根本原因在于缺乏深入思考的思维能力。缺乏深入思维能力的话，考虑事情只能从熟悉的事物下手，不能灵活地变换角度，最常见的表现是不懂得如何换位思考。另外，面对大量的信息和复杂的问题时，会觉得无从下手，无法尽快理出头绪，找到切入点。缺乏深入思维能力，还会导致只关注眼前的情况，只关心短期的影响，缺乏大局观，没有长远的眼光。这样的人往往会把精力放在分散的小事上，而不能投入长期的目标；在遇到棘手的问题时，只能推测出浅显的原因或推测出浅层的影响，无法挖掘深层原因和深远影响。这些问题的存在，导致我们脑子里一团乱麻，缺乏对自我的把控，容易偏离航向，驶入随波逐流的航道。

提高逻辑思维能力，可以在很大程度上减轻这些问题，从而突破个人的局限。以灵活的视角看待问题，面对庞大的信息流时，也能保持清醒的头脑，并且逐步养成从宏观的角度把控问题的能力，认知深层因果关系，看到长期发展趋势。那么我们应该如何培养这种能力呢？

其实，我们早在童年时代就接触到相关的方法了。培养逻辑思维最直接的方法是从线性思维入手。线性思维是一种直线的、直观的思维方式。举个例子，还记得小时候用过的识字卡片吗？"苹果""梨"的卡片上分别印着苹果和梨的图案，我们看到图案，再看汉字，就知道那些字分别代表什么。这种从 A

到 B 的形式就是线性思维的形式。

线性思维是逻辑思维的基础，我们进行复杂的思考，是由一个又一个从 A 到 B 的简单思考组合而成的。要锻炼线性思维可以使用演绎法的核心方法——三段论。三段论对于有些人来说可能并不陌生，它是一种由大前提到小前提再到结论的推理方式。举例来说：树是植物——杨树是树——杨树是植物。其实在日常生活中，我们经常无意识地用到三段论，但是其中的逻辑关系不一定正确，而且有时候在表述中会把部分前提隐去。例如有些产品被质检部门抽查到了，有人说："它要是没有问题，怎么会被检查？"这句话的逻辑是：有问题的才会被检查——它被检查了——它有问题。将前提和结论补充完整，很容易就能发现这句看似有道理的话中存在的逻辑漏洞。回忆一下，你是不是也被这类看似有道理的话欺骗过，做出了并不合逻辑的行为，或者用这样的话来安慰自己？关于逻辑思维的培养还有很多方法可以尝试，大家如果感兴趣，可以找一些相关的书深入研究。

逻辑可以避免我们被冲动绑架，陷入情绪的旋涡。在日常生活和工作中，遇到问题时优先采用逻辑思维方法，可以让我们避免思维固化，轻率行事。提升逻辑思维能力可以帮助我们成为更加高效、理智、自控的人。

培养成长型思维

> 你可以从别人那里汲取某些思想，但必须用你自
> 己的方式加以思考，在你的模子里铸成你思想的砂型。
>
> ——兰姆

在生活中，我们都有遭遇失败的经历。回想一下，发现自己失败了的时候你是怎么做的？是感觉受到打击，灰心失望，觉得自己不适合做这种事；还是镇静面对，分析原因，以求下次做得更好？

面对失败的时候流露的不同想法代表着不同的思维方式。消极的、止步不前的想法代表着固定型思维，积极的、寻求改变的想法代表着成长型思维。这两种不同的思维无形中影响着我们的行事风格，我们的学习、工作、日常生活中都有它们的影子。有时候我们习惯性地准备放弃，难以自控地觉得自己比不上别人，就是固定型思维在作怪。

心理学家卡罗尔·德韦克（Carol Dweck）基于对能力发展的认知，指出人们存在两种思维模式：固定型思维和成长型思维。固定型思维模式将才智看作天生的，认为后天不能改变，

注重结果，把成功归结于天赋的才能。成长型思维模式把天赋看作起点，认为才智可以通过后天努力得到提升，注重努力的过程，认为成功来源于不断学习和提升。

固定型思维的人不能很好地面对挫折。考试不及格、表白被拒绝、工作没完成等暂时的困难，在他们看来都是自己是个失败者的证据，而之所以失败，是因为自己没有那方面的天赋。他们不会总结失败的经验教训，从失败中发掘改变的契机。他们只会想办法补救自己的尊严，避免显得像个失败者。因此，固定型思维的人往往不愿意接受挑战。成长型思维的人遭遇失败，会反思自己做事的过程中是否有不足。对于他们来说一次失利并不代表自己永远失败，如果能从失败中获得经验，继续成长，那么就是有意义的。成长型思维的人往往把挑战看作锻炼自己的机会，借着挑战不断成长进步。一个人身上可能同时存在两种思维模式，它们往往被用于不同的方面，例如学习成绩突出的人可能在学习时运用的是成长型思维，在日常生活中运用固定型思维。

研究发现，成长型思维在教育、职场、人际关系等方面都起着重要的作用。卡罗尔·德韦克做过一项研究，她找到一些十岁的孩子，给他们设定一些困难，并观察他们如何应对。有一部分孩子的积极的应对方式使她感到震惊，那些孩子无疑具有上述的成长型思维，他们懂得自己的能力能够提升。另外一些孩子则宛如遭受了灾难，他们感到自己的才智遭到评判，他们失败了，后续的研究表明，这些孩子未来遭遇困难时，会选择逃避。

实验中监测了这些孩子的脑部活动，固定型思维的孩子在面对困难时脑部几乎没有什么活动，他们并没有调动自己的脑力来应对困难；而成长型思维的孩子脑部活动十分活跃。在成年人中，具有成长型思维的人更有包容性，善于听取他人的批评和建议，能够更加开放地面对不同的思想，在工作中更有竞争力。在人际交往中，成长型思维的人更善于经营人际关系，他们相信友情和爱情可以在双方的努力下不断成长。

看到这里，有些人可能已经开始灰心了："我应该天生就没有成长型思维，说这些有什么用呢？"不要忙着打退堂鼓，我们的大脑比我们认为的要更有潜力。研究表明，我们的大脑具有可塑性，并且这种特性一生都不会消失，即使我们的个头儿不再长高，大脑也可以继续成长。所以，即便人到中年，培养成长型思维也并不晚。那么，如何才能培养起成长型思维呢？

首先要认识自己，正视自己的固定型思维模式。正视自己是改变的第一步，在纠正其他坏习惯时也会用到。正视自己的固定型思维，不是要否定它，而是要认识它、接受它，允许它存在。完全没有固定型思维的人几乎不存在，我们不必苛求自己变得完美，只需要发现自己的不足，并且在下次面对事情时能够警醒自己："我的固定型思维又跑来捣乱了，这次可不能听它摆布了。"

接下来我们要观察自己的固定型思维，也就是所谓的"知己知彼"。它在什么时候容易跑出来——是面对失败的时候，还是遇到挑战的时候？在它的影响下你会怎么做——是逃避困难，否定自己的能力；还是对其他人发火，推卸责任？把这些搞清楚，我们才能有针对性地开始纠正。

下一步，当固定型思维出现的时候，尝试纠正它。我们可以把自己想象成一位老师，而固定型思维是一名需要教导的学生，或者是一位需要帮助的朋友，和它进行对话。不要莽撞地批评它，注意保持警惕，不要让它夺走自己的指挥权。然后试着说服它，让它和自己一起面对困难。

改变思维模式不是一朝一夕的事情，我们需要在日常生活中不断努力，并长期保持下去，让掌控权回到自己的手中。

独立行走的人未必能独立思考

真正独立思考的人，在精神上是君主。

——叔本华

一部古装剧里有这样一个有意思的小片段：

一个位高权重的官员穿着便装来到集市买果品，准备去探望一位病人。小贩打包好果品，官员才发现忘了带钱，小贩不让官员走。围观的路人议论纷纷，有个嗓门儿大的说官员是骗子，于是乱纷纷的群众统一口径说官员是骗子。不料，官员的下属路过看到了，赶紧给官员解围，出手大方地付了钱。这时又有一个围观的人大声说："我早就说他是有钱人，穿着一身绫罗绸缎，哪儿能没钱呢！"于是群众纷纷改口说早就看出官员是有钱人，陆续散了。

这个小插曲刚发生的时候，围观的人意见不统一，大家各有各的猜测。但是当有人冒头大声说出一个猜测时，其他的人纷纷放弃了自己的想法，跟着附和。当第一个猜测被推翻以后，同样的景象再次上演，围观的人就像不会独立思考的变色龙，跟在别人后面转。

有人也许觉得这个事例离现实生活太远了。那么回想一下，在社交平台上类似的事是不是也经常发生？某位博主讲述了一件事，网友纷纷站队，随着其他关系人陆续发声，网友的立场也几经变化。这些事折射出一个严肃的问题：很多人接受过教育，能独立生活，却未必懂得如何独立思考。

不懂独立思考的人，立场不坚定，容易变来变去，在生活方式甚至人生抉择上很容易受外在因素影响，放弃自控，随波逐流。例如在选择装修风格时，不考虑自己家的生活习惯，跟风选择不实用的"网红风"。

有些人对独立思考存在一定的认知偏差，以为多读书，掌握大量知识就能有自己的思想。还有人以为经验多就是会独立思考。其实，知识和经验对独立思考有一定的帮助，但并不等于独立思考。思考，就像在意识中进行耕种，知识和经验提供了思考的土壤。如果没有知识，只是苦思冥想，是不可能想出什么成果来的，"学而不思则罔，思而不学则殆"说的就是这个道理。进行知识储备、经验储备，可以让我们获得独立思考的基础，不至于为了标新立异而唱反调，为了独立思考而独立思考，成为人人避之不及的"杠精"。

知识储备只是起点，最关键的还是方法。首先要会合理质疑，避免人云亦云。我们从小接受教育时就被告知不要人云亦云，要有自己的想法，但是很多人长大以后反而把小时候就懂的道理弄丢了，甚至形成"习惯性防卫"，无法容忍不同的声音。你是否留意过自己在社交平台上的关注列表呢？如果分析一下，多数人关注的博主是和自己的兴趣、爱好、三观高度一致的。甚至有一部分人在自己关注的博主发表了自己不认同的内容时，就会说这个人变了，或者这个人欺骗大家的感情，人设崩塌了。果真如此吗？细想一下，思想、爱好完全一致的人能有多少呢？社交平台也不是生活的全部，很少有人把所有的想法都发出来。人与人之间存在不同甚至分歧才是正常的。这种只认自己的观点的做法就是"习惯性防卫"，它会让我们将各种不同的思想屏蔽在外，只待在思想的"舒适区"。这是独立思考的大忌，因为只有接触不同的想法，多听不同的观点，才能激发我们的思维，进行多角度的深入思考。

在开始独立思考之后，要注意科学地思考、求证，而不是流于表面现象，跟着感觉走。科学地思考，要求我们透过现象看本质，不能只信"眼见为实"，还要讲逻辑，讲数据。比如，我们要在一个新闻事件出来时，分析背后的逻辑链条，分析当事人的动机，思考事件的因果，而不是看到谁可怜，看到谁悲惨就跟着感觉支持谁。

最后，也是最难的一点是形成习惯。有意识地去独立思考一件事不难，但是以独立思考的态度面对生活则需要长期的训练和坚持。

如何变得更专注

专注、热爱、全心贯注于你所期望的事物上，必有收获。

——爱默生

大家应该都有过走神的经历，比如老师在讲台上讲着课，我们在台下听讲，不知怎的就漏听了一段，回过神的时候反应不过来老师究竟讲到哪儿了；看电影的时候，不知不觉走神了，回过神来时剧情有点儿接不上。走神是注意力不集中的体现，也就是不够专注。偶尔的不专注对我们的生活没有太大影响，如果经常出现这种情况则要引起重视。如果在学习、工作的时候无法专注精神，就会直接影响学习成绩和工作效率，有些时候甚至会导致严重的后果。我们为什么会走神呢？有没有什么办法让我们控制住自己，变得更加专注呢？要回答这个问题，先要知道我们的注意力有什么特点。

研究人员注意到一种特别的走神现象——视而不见。针对这种现象，研究员丹尼尔·西蒙斯（Daniel Simons）和丹尼尔·莱文（Daniel Levin）在一个大学里开展了一项实验。实验人员在校园里拿着地图随机挑选对象问路，被问到的人对实验一无所知，真的以为有人需要帮忙指路，所以认真地查看地图。这时，其他的实验人员悄悄地拿挡板隔开问路的人和被问的人，然后让另一个人替代问路的人。这个人在穿着、长相等方面和第一个问路的人并不相似，但是都拿着一张相同的地图，并且也要问路。令人惊奇的结果发生了，超过半数的被问路者没有发现问路的人改变了。这种现象被称为"变化盲视现象"。被问路的人专注于查看地图，而没有足够的注意力关注问路的人，无法发现换人了。我们出神的时候，把本应专注于眼前工作的注意力分给了其他的事物，因此察觉不出面前的变化。如果不投入注意力，我们就无法意识到周边的事物，更不用说采取行动了。

我们的注意力是有限的，关注的事物越多，分给每个事物的注意力就越少，专注度就越低，取得的效果就越差。这就好比什么都想要，最后反而什么都得不到。基于注意力的这种特点，我们需要一些方法，帮助我们调节精力，更巧妙地利用注意力。

在工作或学习的时候，尽量不要频繁地中断正在进行的任务。如果需要处理一些临时的想法或事件，只要可以延后，就快速地记录然后推后处理。另外，工作的过程中坚持有始有终，先完成一件再开始另一件，不要把所有的工作都开个头就丢下去做下一件。遇到耗时比较久的工作，尽量腾出相应的时间，避免零散地工作。

　　上面这些方法可以帮助我们更合理地分配注意力。但是有些人的问题是主观上无法长时间地集中注意力，这就需要我们有针对性地进行注意力训练，提升专注的时间。

一、营造一个安静、舒适的环境

　　嘈杂的声音、凌乱的桌面都会分散我们宝贵的注意力，选择良好的环境对提升注意力大有帮助。如果没有必要，最好不要把手机放在手边；如果需要使用电脑，不要登录社交软件、社交平台。

二、进行注意力训练

　　在一段规定的时间里，比如十分钟，只专注观察一个对象，不要注意其他事物。如果比较容易走神，刚开始的时候坚持足够的时间可能比较困难，不要灰心，经常练习，专注的时间会越来越久。

三、提升抗干扰能力

　　我们所处的环境中难免有各种干扰，要想专注于手头的事情，必须提升抗干扰能力。这时候我们可以利用心理暗示，如果干扰不强可以暗示自己继续工作，例如告诉自己："我并不想像他们一样玩闹，我想专注于我的工作。"如果干扰太强，不得不停止工作，则要避免让自己觉得败给了干扰，可以这样告诉自己："我已经工作了一段时间了，不如休息一下，以便继续工作。"这么做并不是给自己找借口，而是避免打击专注的信心，在脑中留下自己确实不能专注的印象。

四、探索自己的专注力高峰，合理安排工作

每个人专注力最强的时间段不同，有些人可能在早上，有些人可能在上午，还有一些人晚上最高效。观察一段时间，找出自己专注力最好的时间，把需要集中精力处理的工作安排在此时，可以有事半功倍的效果。

最后需要注意的一点是不要强迫自己，注意力不像其他的能力，越是强迫自己专注反而越容易分神。如果确实无法集中精神，就先休息一会儿，放松一下，等状态恢复了再继续工作。

自律让你自由

所谓自律，就是以积极而主动的态度，去解决人生痛苦的重要原则，主要包括四个方面：推迟满足感、承担责任、尊重事实、保持平衡。

——斯科特·派克

提起自律，许多人脑中会浮现一个苦行僧的形象：不苟言笑，极简生活，物质上极其单调，精神上极其严肃，对待自己近乎严苛。其实，自律的人并没有人们想象的那么清苦，自律更多的是一种人生态度和行事法则。自律的人能够变被动为主动，不再是被迫接受约束，而是发挥主观能动性，为了自己的理想和目标主动规范自己的行为。自律是拥有强大自控力的表现，自律的人往往对自己的生活更有掌控感。

《元史·许衡传》里记录了这样一则故事：

一天，许衡路过河阳，这时正值盛夏，骄阳似火，行路的人都口渴难耐，许衡也不例外。正巧，路旁有一片梨树林，树上结满了黄灿灿的果子。众人见了纷纷跑过去，争先恐后地摘梨吃。只有许衡在树荫下正襟危坐，镇定自若。有人见了奇怪，就问许衡："你怎么不去摘梨吃？"许衡答道："不是自己的东西，怎么能取？"那人笑他固执，说道："现在正是兵荒马乱的年头，这梨树哪儿来的主人，不吃白不吃。"许衡正色说道："梨虽无主，我心有主。"终究没有去摘梨。

"我心有主"，体现的正是极高的自律能力。不屈从于身体的本能，守得住本心，行之为正，在小事上也不松懈，遇到大事的时候才能不退缩。许衡最终成为一代理学名家、学识渊博的教育家，与他严格自律的作风是分不开的。

自律不是做给别人看的，而是一种应该保持一生的习惯，不分场合、不分时间，始终如一。有些人在有他人在场时能管住自己，独处的时候就忍不住放纵，这也是自律的大忌。例如，有些人口口声声说自己要减肥，和别人一起吃饭的时候很节制，回到家中只剩自己一个人的时候却大吃大喝，并自我安慰："我控制饮食已经很努力了，值得奖励一下。"于是一顿不自律的饮食就让之前几天的努力打了水漂。还有一些人，在有约束的时候能够规范自己的行为，一旦约束撤去就像一盘散沙。比如，很多人制订过作息表，要求自己早睡早起。工作日的时候由于上班需要，可以做到，但一到假日，没有外界干涉，就立刻被打回原形，睡到中午才起床。到了新的一周，又重复这个循环，作息表成了一张废纸。古人早就注意到了人们的这个特点，我国自古便有一条重要的修身理念——慎独，说的就是独处之时更需谨慎，严于律己。

　　叶存仁是一名清代的官员，乾隆年间，他从河南巡抚的任上离职。属下众官计划给他赠送礼物，为了把事办得不露风声，他们一举一动都避人耳目，最后选定在夜静更深，无人能知、能见、能闻的时候，用小船将财物运来。叶存仁明白属下的心思，但是仍然不肯收下，为了委婉地拒绝他写诗一首："月明风清夜半时，扁舟相送故迟迟。感君情重还君赠，不畏人知畏己知。"最终两袖清风地离任。

　　有人觉得自律束缚了自由，让人无法活得潇洒自在。殊不知自律才能获得更大的自由。试想，如果叶存仁收受了属下送的礼物，日后属下有事相求，他怎么能独善其身？更有甚者，如果拿收受财物的事威胁他徇私枉法，他又该怎么办呢？我们应该都听过这句话：世界上没有绝对的自由。我们不可能想干什么就干什么，但是自律可以提升我们的实力，增加我们的底气，让我们在更多的场合可以做到想不干什么就不干什么。及时享乐是短暂的，长期的经营才能让人生活出更多可能。

　　有长期的研究显示，自律的人具有多种优势，他们有更强的创造力，能更灵活地运用所掌握的知识，具有更强的适应性，在完成任务时表现得更加出色。要想变得自律，首先要对未来有规划，至少有一个清晰的目标。实现自律的路上必须有所舍弃，如果需要储蓄，就得舍弃大手大脚的习惯；如果想学更多知识，就要舍弃娱乐时间。有舍才有得，我们舍弃的那些享受会以个人能力的增长回报给我们，帮助我们走上更宽广的人生路。

耐心是一种美德

耐心是一切聪明才智的基础。

——柏拉图

谁都无法否认，我们正身处一个高速发展的社会。一切东西都在不断加速，网速在加快、车速在加快、财富积累的速度在加快，连带着人们的内心也受到影响，变得急不可耐。耐心，正在成为当今社会的一种稀缺的品质。很多时候，我们失去对自我的掌控是从失去耐心开始的。

知识付费逐渐兴起以后，我们经常通过不同的渠道见到令人心动的课程标题：7 天掌握流利的英语口语、一个月减肥 15斤、5 分钟读完一本书……让人心动之余不乏掏钱购买者。然而，即使是这么短时间的速成课程，也有很多人买后只是看上两眼，就丢到脑后了，甚至拿不出这么点耐心。而且，这类课程，只要耐下心来思考一下，就知道它们的标题都是夸大其词。学习、减肥都没有捷径可走，我们得正视认知规律和新陈代谢规律。

揠苗助长的故事，很多人小时候就学过，故事里那个宋国人一心盼着禾苗快快长高，天天在田间地头盯着看，越看越觉得禾苗长得慢。最后，终于想出个办法，把禾苗一根一根地拔高了，回到家还向家人邀功，说他辛辛苦苦地帮助禾苗长高了。他儿子听到了赶到田里一看，禾苗都蔫了。读故事的时候，我们都会嘲笑这个宋国人太笨、太心急：禾苗怎么能拔高啊，得让它自然地生长呀！轮到我们自己了呢，却争先恐后地去"拔禾苗"，生怕不能快点出成果。想通过这些速成课程一夜成才的人和那个宋国人并没有什么本质区别，他们就是现代版的"揠苗助长"。可惜的是，仍然有很多人前仆后继地奔向速成的道路，殊不知这么做很有可能断送我们的"禾苗"，也许是健康，也许是学业，也许是事业，甚至更多。速成切断的是我们深入发展的可能性。

有人觉得惊奇，我们真的连读一本书的耐心都没有了吗？现实的回答可能更糟，我们不仅没有读书的耐心，甚至连看"5分钟读完一本书"的课程的耐心都在流逝。如雨后春笋般涌现的短视频平台正在和阅读、学习争夺我们的时间。那些短平快的小视频不需要深度思考，不需要长时间集中注意力，扫上几眼，哈哈一笑，一段时间就被打发了。有人提到，看短视频的时候根本没发觉时间的流逝，回过神来才发现不知不觉就看了两三个小时。其实，短平快的知识内容、娱乐内容的流行是科技进步的附属产物，但是如何与它们相处则需要每个人认真思考。有研究显示，随着读屏时代的到来，人们的大脑已经开始适应碎片化的知识，相应地，深入思考和系统化处理知识的能力在减弱。有一个很简单的方法可以来测试自己是否已经受到影响：回忆一下，最近一次读完一本十万字以上的非小说作品是什么时候，以及开始读一本书的时候，是否刚看了几页就觉得读不下去了。如果你已经很久没有完整地读一本书，也很难看进一本新书，那么就要提高警惕了，你很可能正在失去深入思考的能力，并变得越来越缺乏耐心。

有人或许会问：耐心真的有那么重要吗？我们顺应时代有什么错？我们不妨来看一些现实一点的事例。房价，近年来成为压在年轻人心上的一块大石头，越来越多的年轻人提起房价就摇头叹气，说着："买房是没可能了，我一辈子不吃不喝也买不起房子！"他们的计算方式很简单，拿一个月的工资数额乘以十二，就是全年的总收入，再乘以工作年限，就是一辈子的收入。看到得出的数值和房价仍有差距，就一口咬定不吃不喝也买不起房子了。然而，财富的累积不是简单的乘法，他们不知道财富往往是以指数形式增长的。曾经的世界首富巴菲特的财富，99% 是在五十岁以后赚到的。有人可能觉得巴菲特属于特例，那么来看看普通人，对于大多数普通人来说，四十岁后的收入能够占到总收入的 90% 以上。这就是耐心积累的结果，并没有什么玄妙的技巧。如果工作后及时储蓄、理财，财富就会像滚雪球一样越来越多。如果轻率地断定自己一辈子就那样了，随意地开销，每个月都把工资花光，当然永远存不下钱了。

读书如此、储蓄如此，做人更是如此，正如那句话说的"没有时间运动的人总会有时间生病"，没有耐心经营人生的人，未来会有大把的时间后悔。耐心并没有什么诀窍，只是一点一滴的积累。如果你实在耐不住性子，从最简单的行为开始，告诉自己：再坚持一分钟。一个又一个一分钟的累积，会让你的人生变得大不同。

坚持才能铺就未来

成大事不在于力量的大小，而在于能坚持多久。

——塞缪尔·约翰生

最能摧毁梦想的是什么行为？放弃坚持。坚持，是意志力的集中体现，俗话说"行百里者半九十"，哪怕距离终点只有一步之遥，放弃坚持也只能惜败。生活中的很多时刻，我们会感到迷茫、不安，不知道自己的路在哪里，不知道是否还要坚持下去。那么，先别忙着沮丧，大家都不是先知，没有人能断定未来会变成什么样，这一点对每个人都是公平的。所有的人都像一艘艘漂泊在海上的航船，只有坚持向前航行的，才会到达彼岸。

在生活中，我们可以选择坚持的事很多，坚持一份工作，坚持一项爱好，坚持一种运动。这里说的坚持是数年如一日的长期坚持。为了考试坚持几个月疯狂背书，为了比赛坚持一段时间的练习，属于短期的坚持。长期坚持的事情可以看作组成我们人生的一部分，它的影响是十分深远的，而经过漫长的岁月我们才能看到其效果。

　　《英国运动医学杂志》发表了一份持续时间长达 15 年，调查范围涉及 8 万人的报告，报告显示坚持运动的普通人死亡风险会下降 28%。日本作家村上春树有两个坚持了多年的习惯：跑步和写作。三十岁出头的时候，村上春树身上已经长出赘肉，并且有很大的烟瘾。发觉自己对写作的热爱以后，他关掉了酒馆，开始潜心写作，并且开始跑步。起初，村上春树清晨四点就起床，工作五到六个小时之后去跑步，每天一万米，后来改成上午工作结束后跑步一个小时。坚持跑步以后，他的赘肉渐渐消失了，也戒掉了烟瘾。跑步和写作成了他生活的一部分，就像吃饭、睡觉一样理所当然。年逾七十的村上春树无论是精神还是身体状态都远超过同龄人，看上去还是四五十岁的样子。

　　有人会说：“我也希望能够坚持运动，我也希望能够坚持某项爱好，但是实在腾不出时间。”可是对比一下许多一直坚持做这些事的人的日程，我们会惭愧地发现，那些比我们优秀的人并不比我们多多少空闲时间，他们只是比我们更勤奋、更努力而已。很多时候，差距就是这样越拉越大的。

　　在影响人们的成就的因素中，智力、出身并不是决定性因素。福布斯富豪榜上的数百位富豪中超过半数是白手起家的。作家格拉德威尔在《异类》一书中提出一条“一万小时定律”：“人们眼中的天才之所以卓越非凡，并非天资超人一等，而是付出了持续不断的努力。一万小时的锤炼是任何人从平凡人变成世界级大师的必要条件。”我们可以计算一下，如果每天在一件事上花费八小时，每周保证至少五天从事这件事，那么要达到一万小时至少需要五年的时间。如果无法保证每天八小时的投入，需要的时间则会更长。回想一下，当你抱怨自己在某件事上看不到回报时，是否已经坚持了足够长的时间。

事实上，大部分人是坚持不下来的。这就像成功的方法已经摆在那儿了，只要做，并一直做下去就能成功，但是仅有少数人坚持做下去了。所以，无论是生活中还是工作上，在自己的领域脱颖而出的都是少数人，甚至照顾好自己、健康地活到老的人都是少数。

加拿大有一则名为《人生最后十年》的公益广告，屏幕左右两半画面对比出截然不同的晚年：一边是健康的老人，在家中醒来，骑车出行，与家人聚餐；一边是衰弱的老人，在病床上醒来，靠营养液和氧气维持生命，只能坐着轮椅行动。广告最后点出了一个触目惊心的事实：绝大多数的加拿大老人在病弱中度过晚年。如果人们能在前几十年的人生中培养一些健康的习惯并坚持下去，哪怕只是每天步行半小时、多吃健康食品，晚年的情况也会大不相同。

我们的未来取决于我们前期的抉择，未来能走多远，能变得多好，则取决于我们能坚持多久。希望我们能为了未来那个更好的自己，继续坚持下去。

花时间之前先管理时间

一切节省，归根结底都是时间的节省。

——马克思

在各种各样的场合，我们总能听到这句话："时间不够用啊！"的确，世界太精彩，诱惑那么多，我们想做的事也很多，时间就显得太少了。有过理财经验的人应该明白，想增加资金无非就两条路：开源和节流。在时间方面，开源是行不通了，每个人的时间都一样多，那么就只能从节流入手了。其实利用时间和花钱有很多相似之处，我们要先做储蓄，才能积攒钱，要做理财规划，才不会把钱花光；时间也是如此，我们在利用时间之前要先学会管理时间，合理分配能让我们的可用时间"多"起来。

在管理时间之前，要先搞清楚自己都把时间用在哪儿了。可以抽出几天时间做一个统计，比如五天的工作日、两天的休息日，记录一下自己都做了什么，分别耗时多长。统计好以后，分析一下哪些事情是长期要做的，哪些是突发事件，不会经常出现，这样就会对每天的时间支出有一个大概的印象。如果在分析过程中发现了时间安排不合理的问题，你需要着手进行解决。例如，有人需要准备一个职业考试，得安排时间进行学习，统计发现自己在社交平台上花费了过多时间，这时就可以酌情减少在社交平台的时间支出，留出时间给学习。

　　智能手机普及以后，越来越多的人发现自己在手机上花费了太多时间。若工作时用不到手机，可以强制把手机拿开或关机，直接切断诱惑的源头。但是若需要用手机辅助工作或学习，没法远离诱惑，那该怎么办呢？遇到这种情况，可以试着将那些必须使用的应用软件留在桌面上，把让自己分神的应用软件卸载，或者重新分组把它们放到不容易注意到的位置，减少自己打开它们的频率。要减少自己玩手机的时间，还可以试试这个方法：在便签上记录下每次产生玩手机的冲动后做出的决定，没有碰手机画个圆圈，玩手机了画个方框。这种可视化的记录会让你清晰地认识到自己在一定时间内产生过多少次玩手机的冲动，多少次克制住了，多少次没有。坚持一段时间，你会体验到，随着圆圈的增多，你对自己的正面评价也会提升，它们会为你的自控力补充能量。但是，也无须对方框们咬牙切齿，失控是种客观事实，既然发生了，接受就好，不必感到自责和压力。毕竟，玩一下手机并不会毁灭地球，何况手机确实很具有诱惑性。现在的智能手机可以记录每个应用使用的时长，你可以清楚地看到自己使用手机的时候把时间花在了哪里：浏览资讯、聊天、追剧、看小说……哪项花掉了最多的时间，一目了然。这种可视化的时间使用情况会带给你更直观的冲击，让你更能下定决心，减少玩乐的时间。

当你对自己的时间支出有一个比较稳定的总体把握以后，就可以从全局着手管理时间了。以下这些管理策略会帮助你完成这个过程。

一、预估时间

预估时间就是合理估计做一件事需要多长时间，注意，合理估计非常重要。很多人在制订计划的时候都想当然地写下一个完成时间，执行的时候才发现预留的时间根本实现不了计划，于是后面的计划也得全盘打乱。合理预估要求我们留出一定的富余量，但是不能过多——那会让我们懒散起来。做时间笔记可以帮助我们提高预估的准确性，将你经常做的事所花费的时间记录下来，很有参考价值。

二、利用可以"一心二用"的时间

这里的"一心二用"不是让你真的一心二用，而是让你把那些不必特意集中精力的时间利用起来，比如上下班通勤的时间，外出游玩时路途上的时间。如果乘坐公共交通上下班，可以在坐车的时候读书、练习听力、背单词、处理一些简单的邮件、获取资讯等。如果自驾上下班则可以准备一些有声书，或者收听行业新闻，也可以练习口语和听力。缺少时间运动的人，也可以把通勤时间利用起来，例如将通勤时间延长二十分钟，提前一站下车，步行到公司。

三、利用碎片时间

对于大多数人来说，除去必须支出的时间，剩下的完整的时间很少，必须优先做耗时长的事情。而那些零散的碎片时间则可以用来做一些耗时短但对提升自己很有帮助的事。例如利用等电梯的时间看一篇新闻，利用等车的时间做个简短的笔记，等等。将自己的时间充分利用起来，你会发现自己在时间上富有了不少。

我们进行时间管理，并不是为了把每一天的每一秒钟都安排得满满当当、密不透风。我们当然可以花一些时间进行放松，散散步或者发会儿呆。我们的时间管理是为了让自己变得高效起来，让生活美好起来。我们不能做时间的挥霍者，也不应该做时间的吝啬鬼。合理地使用时间才是我们追求的目标。

聪明地勤奋

> 机会总是更偏向于勤勉的人，正如海风与波浪经常会与航海家做伴一样。
>
> ——塞缪尔·斯迈尔斯

关于勤奋的成语、诗句很多：勤能补拙、天道酬勤、书山有路勤为径，等等。它们无一不在激励我们做个勤奋的人，刻苦攀登，勇闯难关。勤奋已经刻入了我们的国家精神，在国外无论如何评价中国人，最后都免不了说一句"勤奋"或"勤劳"。我们身边永远不乏勤奋的人：学生时代班上总有一些争分夺秒学习的同学，工作后单位里也有废寝忘食工作的同事，路边煎饼摊的老板都是起早贪黑努力劳作的人。有句话说得好："勤奋的人，一个星期有七天；懒惰的人，一个星期有七个明天。"

很多行业中的杰出人物，往往也是最勤奋的。英国化学家道尔顿被人们称为"天才"，他本人则十分不认同，他表示自己的成功靠的是不懈努力和不断积累知识。现代医学的先驱约翰·亨特说过："我的脑中像有一个蜂箱，常常嗡嗡地响，有时还很混乱。但我经过勤劳的努力，消除了嗡嗡声，让'蜜蜂'恢复了秩序，并能够从大自然这座宝库里找到'食物'。"勤奋和实践让他们取得了非凡的成果。

然而，我们有时也会见到这样的例子，有些人确实非常勤奋，非常辛苦，但是取得的成绩却乏善可陈。难道是勤奋失效了？这种情况就是本节要重点讨论的内容：如何聪明地勤奋？

高中的时候班上有位同学，踏实努力，为人随和，基本上和班里的每个人都合得来。他学习也十分刻苦，就像勤学苦读的故事里讲的一样，早操前会拿着书本在路灯下背书，晚上熄灯后还要藏在被子里学习。论勤奋的程度，他几乎是班上最突出的人之一。但是他的成绩却不是很理想，班内排名常常在十几名徘徊，年级排名更是在一百名开外，高考之后去了一所普通的高校。而班上某些一到课间就出去玩，周末还去打球的同学考上的学校却比他的更好。为什么勤奋没能为这位同学带来理想的成绩？我曾经也感到困惑，后来和从事教育的朋友谈起来才了解到，学习知识时用对方法比简单重复重要得多。很多人忙忙碌碌，却很少出成果，就是陷入了不断重复的低质量勤奋的泥潭。

有些人是陷入泥潭而不自知，有些人则是故意用辛苦来躲避真正需要面对的问题。后一种人常常抱怨今天又做了多少事、有多么辛苦、遇到了多少麻烦，但是从不说找到了多少方法、解决了多少问题、取得了多少进步。在他们的家人朋友看来，他们是勤奋的、辛苦的，就是运气不太好，得到的回报不多。但是他们自己心里其实清楚，自己在拿勤奋作为挡箭牌，逃掉了多少难题和责任。这种勤奋是低效的、虚伪的。

也有一部分人，确实很勤奋，确实想解决问题，但是常常摸不到头脑，不知道该如何发力。这时，很有可能是策略出了问题。这就像南辕北辙的故事一样，那个要去楚国的人虽然有良马、有充足的路费，赶车的人本领很高，但是走错了方向，出行的条件越好，离目的地就越远。为策略纠偏可以从以下几方面进行尝试。

一、变被动为主动

很多人习惯于接受上级的安排，按部就班地做事。在学校时听从老师的安排，让学什么就学什么，让看什么就看什么；开始工作以后就听领导的安排，给什么工作就做什么工作，不更多地思考这项工作的作用是什么，有哪些可以改进的地方，自己除了完成工作以外还可以做什么，除了掌握做这项工作的能力还可以拓展哪些能力。被动的人只会跟在别人的后面走，做再多工作都是在为别人的规划添砖加瓦，自己得到的提升有限。

二、跳出低效成长区

什么是低效成长区？说得简单一些，就是成为"熟练工"之后的职业区间。低效成长区需要投入大量重复劳动，但是成长的空间有限，得到锻炼和提升的机会很少，缺乏竞争，也就难以突破自我。

三、计划并落实计划

无论你在什么行业，待上一段时间以后都会对行业有一定的了解，如果觉得了解得不够，可以通过向前辈咨询，多看同行业讨论区，阅读相关著作、行业新闻等方式来增进了解。在了解的基础上做出计划，列出以现在的起点自己应该向哪些方向努力，需要分几步走，然后将你的勤奋用到你的计划上，扎实地执行。收获一定会超出你的预期。

　　在前行的道路上，我们要做两件事"仰望星空"和"脚踏实地"，用智慧找到方向，用勤奋到达目的地。

做好准备，但不必那么充分

机遇只偏爱那些有准备的头脑。

——巴斯德

大学里，会有几个不同的老师开设同一门课，学生最爱选哪位老师的课？有人可能马上就猜到了，是那位期末考试前画重点的老师。在校园里的时候，授课内容有老师准备，考试大纲有老师画定，我们跟着老师的步调就能取得不错的成绩。但是，走出校园以后突然发现，没有人再帮自己准备好一切了，自己得亲自动手了。

准备到底有多重要呢？军队里有两句脍炙人口的名言"时刻准备着"和"不打无准备之仗"。古人说的"兵马未动粮草先行"就是在说准备工作的优先性和重要性。试想，在炮火纷飞的战场上，如果没有充分的战前准备，会带来多么可怕的后果，那可是真正的生死攸关啊。

我们常说"人生如战场"，人生何尝不需要做好准备呢？毕业季，找工作的时候，我们知道应该做好准备，穿上正装，打理好自己的形象，了解应聘的单位和职位，熟悉常见的面试问题。那时候的我们是警醒的，充满斗志的。但是开始工作以后，很多人就渐渐地把这份斗志消磨没了，再也不会精心地做什么准备。这真是一种本末倒置，找工作只是人生的少数状态，而工作则是常态，比起找工作，日常工作更需要做好准备，以便应对各种意外状况。毕竟，世界上唯一不变的就是变化。对此，最好的准备就是时刻准备着。

有些人误以为成为行业大牛就不需要再做那么多的准备了，恰恰相反，越是资深的行业人士越清楚准备的重要性。

罗伯特·麦基（Robert McKee）被称为好莱坞编剧教父，根据不完全统计，他的学生至少获得过 53 次奥斯卡奖、170 次艾美奖、30 次美国剧作家协会奖、26 次美国导演协会奖，甚至还有普利策专题写作奖。他的编剧图书《故事》畅销全球，是众多影视学校的必读书。麦基在谈到如何避免剧本陈词滥调时，向读者解释了他是如何做准备的。在创作一个故事之前，他会用 10 种方式写这个故事，如果要写的是爱情故事，他会罗列 15 到 20 种相遇方式，然后根据人物的特点，筛选出最适合的一个。确定一种方式以后，再根据这种方式写出 10 个不同的场景，继续筛选，然后不断完善细节。罗伯特·麦基就靠着这种细致到烦琐的准备来一步步雕琢出完美的故事。

那么，是不是努力把准备工作做到极致就会得到好结果？很可惜，不是。我们有时也会遇到热衷于不停准备的人，但是他们常挂在嘴边的口头禅却是："我还没有准备好。"因为还没有"准备好"，所以迟迟不肯行动，白白地错过了一个又一个机会。现实不是考试，不会给你考试大纲，不会给你画重点，所以，就算你的准备做得再充分，也有遇到超纲题目的时候，难道就一直待在原地不往前走了吗？

管理课程中有这样一个名词——哈德逊湾式启动，它源于加拿大的哈德逊湾公司。17世纪的时候，这家公司使用商船运输皮毛，由于地处寒冷地区，商船必须做好周密的准备才能安全地度过严冬。为了检查是否装备齐全，商船起航后会先驶出一段距离，在离哈德逊湾几千米的地方临时停留，以此来检验船上是否配备了所需的全部物资。如果缺少了什么东西，就及时返回港口补充，之后，商船才会正式起航，驶入茫茫大海。后来，"哈德逊湾式启动"被很多公司借鉴，作为检验项目和团队是否可行的手段。如今，我们经常见到某个应用推出内测版，在少数用户中试用，这也是"哈德逊湾式启动"的应用。在开发一种应用的时候，开发人员准备得再充分也不可能预估用户的所有需求，那怎么办呢？开会讨论、市场调研，有一定的效果，但是投入和产出相比实在不划算。最实际的做法是先投入使用，根据用户的反馈改进内测版，完善以后再大规模铺开。

这对我们也是一个启发。我们所做的准备，基于我们过去的经验和一些已知的知识，但是未来永远充满未知，只有走过去才能了解，然后才能给出对策。下次再觉得自己没有准备好不敢迈步的时候，拿出勇气推自己一把，不要再原地踏步了。

爱好让你更有动力

兴趣是最好的老师。

——*爱因斯坦*

　　人生在世，努力生活之余，也该有点儿乐趣，就像给一盘大餐点缀上配菜，色香味俱全，赏心悦目。关于爱好，汪曾祺说过："一个人不能从早写到晚，那样就成了一架写作机器，总得岔乎岔乎，找点儿事情消遣消遣，通常说，得有点儿业余爱好。这些年来我的业余爱好，只有写写字、画画画、做做菜。"他的这些爱好便是他笔耕之余的调剂。

　　爱好对一个人的作用细致入微并且影响深远，就像滋养精神土壤的春雨。《流行病学和公共卫生》曾经刊发了一个挪威的研究小组的研究。这个研究小组总共调查了五万人，调查对象既有男性也有女性，调查的目标是他们对生活的满意程度。结果显示拥有文化体育等爱好的人普遍对生活更加满意。即使只是看演出、参观博物馆等，在精神状态方面也能有所获益，焦虑水平和抑郁水平明显低于不参加这些活动的人。

　　爱好就像精神的海洋中的一处避风港，当我们在外界遭遇风浪，受到打击，灰心丧气的时候，一头钻进爱好的事物里，能有效地慰藉心灵。我有一位认识多年的朋友，由于是邻居，从小学到中学一直同校，直到上大学才各奔南北。从童年到少年，这位朋友的身体一直不算强壮，四肢细细瘦瘦的，声音都显得弱弱的，每年秋冬的感冒季都不能幸免。大学之后，我们有一年多没见过面，大二寒假再遇上的时候，我几乎没认出他来。他不但整个人胖了一圈，连说话都显得中气十足了。聊了一阵得知，朋友上大学后渐渐对跑步产生了兴趣，每天都会抽出固定的时间晨跑。刚开始的时候并不顺利，较差的身体素质让他跑不了几分钟就气喘吁吁，不得不走上一段再继续跑。随着时间的推移，他能够坚持跑下来的距离越来越长，身体也比以前健康了。对他来说，健康只是跑步的附加值，他最享受的是奔跑时心无旁骛，只能感受到自己的呼吸、心跳和肌肉伸展收缩的感觉，好像自己的大脑能直接和身体对话。就算遇到了什么烦心的事，只要跑起来，就能暂时遗忘。跑过之后，自己就有更好的精神状态去面对它们了。几年过去了，即便已经开始工作，跑步依然是他的一项爱好，每天必不可少。

有时候，我们可能会把爱好和消遣弄混，如果你觉得自己也有爱好，却没从中获得什么，就要思考一下，是不是误把消遣当作爱好了。例如，有的人喜欢拿业余时间追剧，或者逛购物网站。这么做的时候确实能感到轻松，但是过后却觉得空虚，好像把时间浪费在了没什么意义的事情上，没有获得感和满足感。那这些事对人来说只能算消遣，不能算爱好。

面对爱好，另一个容易让人迷茫的问题是：该不该把爱好当作工作？我相信很多人都曾经有过这样的疑问，甚至为此困扰过很长时间。有些人鼓起勇气迈出了那一步，还有一些人选择更稳妥的道路，但是偶尔还是会在心里问问自己：如果当初勇敢地选了另一条路，结果会如何？那么，选择将爱好作为工作的人都感到快乐了吗？

爱好与工作，确实是个十分值得探讨的话题。在选择爱好作为工作之前有一些事情要了解。爱好让人看到的是一件事最美好的那一面，那时我们是欣赏者甚至是消费者。例如，我们喜欢电影，我们是观众，是票房的贡献者。但是，如果要投身电影行业，则要从欣赏者、消费者转换为创作者、销售者。制作一部电影涉及很多工作，例如导演、编剧、服装、化妆、道具、摄影、配乐、特效等。而从事其中任何一种工作，都需要扎实的专业知识，并不是只要喜欢就能胜任的。很多把爱好当工作的人干不了多久就坚持不下去了，因为面对爱好只要自己开心就行了，工作中我们要做的往往是让别人开心，拿电影制作来说，很多幕后的工作是十分枯燥乏味的。

如果确定自己能够接受上述的身份转变，决定在某个行业里发展下去，就需要考虑下一步——找准职业定位。我们爱好的东西往往是很多岗位分工合作的成果，我们不可能一个人包揽所有的工作，势必要在其中选择一个作为长期的职业方向。选择的时候要充分考虑自己的能力倾向和岗位的适配度，只有爱是做不好工作的，相应的能力才是硬要求。

　　最后，也是最需要提醒的一点，留住自己的爱好。我见过一些选择把爱好当工作并坚持做下去的人，但是其中有一些人已经渐渐遗失自己的爱好了。那份曾经闪着梦幻光芒的让人向往的职业，对现在的他们来说，与任何一个普通的职业都没有任何区别，他们的爱被工作消磨了。如果最后的结果是这样，那么当初是不是选择一个更有发展前景、收入更高的工作比较好呢？希望大家在均衡爱好和工作的时候能够"不忘初心"。

第五章
更上一层楼：自律的人是职场宠儿

由预想进行于实行，由希望变为成功，原是人生事业展进的正道。

——丰子恺

　　正在阅读这本书的人，就算你现在没有走入职场，迟早也会和职场打交道。职场，对于绝大多数人来说，就是人生的主舞台，我们将在这里度过人生中的大半时间，并且是从青年到老年的那一段最有激情、最有活力、最有创造力的岁月。职场的生存之道说复杂也复杂，十本书都讲不完，但是说简单也简单，只要守住本心，发挥个人的能力，就一定能够闯出一片天地。本章将讨论几个我们进入职场以后很容易走入的误区，希望大家遇到类似的情形时能利用自控力约束自己，在职场上站得更高，走得更远。

日子不能混过去

一个不如意的职业能摧毁掉一个人所有的光彩。

——奥诺雷·德·巴尔扎克

在早高峰的地铁上，如何能快速地分辨哪些人是初入职场的"菜鸟"，哪些人是工作比较久的"老油条"？一个行之有效的办法是看他们的精神状态，初入职场的新人身上往往有一种朝气，有一种拼劲，对未来充满向往；在职场打拼几年以后，棱角渐渐圆滑，会沉稳很多，而那些格外死气沉沉的，很大可能就是不再考虑上进，当一天和尚撞一天钟的混日子的人。

周鸿祎写过一篇文章——《给那些仍旧在公司混日子的人》，文章里有一句话："你混日子，就是日子混你，最后的输家是你自己。"每个人的人生都是单行道，没有重来的可能，你把二十多岁的时光混过去了，就再也不会有二十多岁的日子。你浪费的那些时光再想弥补就没那么容易了。

混日子的人通常有这些表现。首先，说得多做得少。刚一接触这样的人，可能误以为他们是很有能力的资深员工，说起工作来头头是道，时不时往自己脸上贴金，但是了解以后就会发现，他们的业绩实在乏善可陈。其次，不断拖延。有些人拖延，只是时间分配不合理。但是能够在截止时间之前把工作赶出来的这类人，则是不把工作放在心上，得过且过的人。通常他们也不会拿到重点或紧急的项目，有些和他们对接的同事为了减少麻烦，自己就把工作拿过来做了。再次，难以接受新事物。这类人在公司优化流程、引进新的工作平台或更改更有激励效果的规定时，往往颇有微词，不乐意改变。最后，停止学习。他们对自己没有更高的要求，因此也不再学习新的技能。

我刚毕业的时候进入了一家互联网公司，主要工作是活动发布。同组有一位在这家公司工作了数年的老员工，初见面时我感觉她为人开朗，十分健谈。稍微相处一段时间后，我发现她十分喜欢抱怨，经常对新员工冷嘲热讽公司的决策。每当有员工离职的时候，她一定会说："我也早就不想在这儿干了！"但是却一直不见她辞职。直到两年后我由于变换行业离开那家公司，她依然坐在那个位子上，做着和两年前大同小异的工作。那时，比她晚一些进公司的另一位同事已经升到部门副主管了。

混日子的人为什么对自己的工作如此不上心呢？有一些人是缺乏危机感。刚开始工作时他们可能也有上进心，也会努力让自己胜任工作。但是工作熟练以后，由于他们每天接触的圈子就那么大，没有什么风浪，看不到什么水花，时间一长思维就麻痹了，忘记了居安思危，不再考虑改变、进取。还有一部分人缺乏进取心。他们并不想不断进步，只想有个稳定的工作，让自己衣食无忧，但是他们往往忽略只有制造价值才能得到回报。职场也是"逆水行舟，不进则退"的地方，如果不给自身"升值"，就等于在不断贬值，自己的价值迟早会小到换不到衣食无忧的生活。大多数混日子的人，是受到了环境的影响，随波逐流，身边的人怎么样自己也怎么样。这种情况通常出现在没有活力的公司，大部分员工都死气沉沉，和公司互相拖累。如果是在一家有活力的公司，混日子的员工很快就会被筛选出来，没法长久地混下去。

混日子的人看起来惬意，不用拼命工作，上班时间也可以追剧、网购，但是他们中的大多数心底并不舒坦。他们心里清楚得很，这种得过且过的日子迟早会结束，头上就像悬着一把达摩克利斯之剑，随时都会落下来。

如果不想成为混日子的一员，或者已经发现自己有混日子的苗头，希望自救，就要提升自己的职场竞争力。你可以从以下几方面努力。

一、培养非同质化的竞争力

举例来说，假如你是一名平面设计师，那么你具有的设计能力就是和身为竞争者的其他设计师同质化的能力，如果别人在设计方面比你优秀，你就很容易被淘汰。但是如果你不但具有设计能力，还有拿得出手的外语能力，那么你就很容易在设计师中脱颖而出。

二、拓展业务面

新的业务面意味着新的机遇和新的可能，尤其对于正在从事可替代性高的工作的人来说，"吃着碗里看着锅里"非但不是贪得无厌，反而是有危机感和上进心的表现。

三、比要求的做得更好一点

无论你在从事什么工作，无论你是否喜欢自己的工作，努力让自己比公司要求的做得更好一点。这"一点"不会花费你太多的精力，但是从公司的角度看，你是一个不断上进的很有培养价值的员工，未来你得到的机遇不会只是"一点"。

希望大家都能经营好自己的职位，创造更多的价值。

"差不多"其实差很多

如果你在小事上苟且，那么你在大事上、你在一生中一定也是一个苟且的人。

——李亦非

胡适曾经写过一篇寓言《差不多先生传》，借以讽喻那些做事不认真、差不多就算了的人。文中的差不多先生是中国最有名的人，人人挂在嘴边，他从小到大做事都马马虎虎，最常说的一句话就是："凡事只要差不多，就好了。何必太精明呢？"于是他买东西差不多就得了，记账差不多就得了。后来有一天，差不多先生生了急病，让家人去请东街的汪医生。家人急急忙忙地去了，却没找到东街的汪大夫，于是把西街的牛医王大夫请来了。差不多先生知道找错人了，但是病急了，身上痛苦，心里焦急，等不了了，心里想："好在王大夫同汪大夫也差不多，让他试试看罢。"于是牛医王大夫用给牛治病的方法为差不多先生治病。不到一个小时，差不多先生就一命呜呼了，临死前他还说着："活人同死人也差不多，凡事只要差不多就好了，何必太认真呢？"更加讽刺的是，差不多先生死了以后，大家都夸他看得破，想得通，说他一生不肯认真，不肯计较，是一位有德行的人，还给他取了个死后的法号，叫他圆通大师。

我们生活中的"差不多先生"并不少见，他们也常常把"差不多就行了"挂在嘴边。考试的分数差不多就行了，工作做得差不多就行了，甚至选择另一半也差不多就行了。凡事做到差不多就真的没问题吗？那可未必。

有一位同事大学时就读土木工程专业，毕业后没有从事相关的工作，而是进了我们现在的公司跑业务。他的很多同学进入了设计院，继续与工程打交道。这位同事给我们讲述过一件发生在他同学身上的事情。那位同学很聪明，学习新知识时领悟得很快，但是不够细心，觉得差不多就可以，画图的时候经常出一些小错，所幸最后还是顺利毕业了，并通过校招进了一家不错的设计院。就在家人和朋友都以为他以后会在这个行业一直发展下去时，他却突然离开设计院，跟随一个表亲跑起了运输。同事刚得知这个消息也很意外，后来一次聚餐时，那位同学喝多了，才和几位老同学说了实话。原来，他进入设计院以后，差不多的毛病还是没改。一次做一座桥梁的设计时，他负责的部分算错了一个数据，自己没有检查出来，马上要交到施工方手上的时候，院方才发现并及时追回。那段时间某地刚好发生了一起桥梁因设计缺陷坍塌的事故，整个团队的人都出了一身冷汗。那件事后不久，领导和那位同学进行了一次深入的谈话，同学离开了设计院，也离开了那个行业。同事讲完之后，在场的几个人一时都没有说话，纷纷想起了那场桥梁事故现场的惨状。

在一些行业，"差不多"是一种极其危险的思想，足以引发严重的后果。在普通人的生活中，差不多思想也在左右着人生。《礼记》有云："君子慎始，差若毫厘，缪以千里。"对射击有所了解的人都知道，瞄准的时候，一丝一毫的误差都会导致打歪，甚至脱靶。在很多人看来不起眼的小差距，在日复一日的积累中就会变成无法逾越的鸿沟，人与人之间的差距，甚至阶层就这么被拉开了。我们可以在同学会时观察一下同学们的变化，那些严谨认真的人和马马虎虎差不多就行的人，在进入社会几年以后会产生明显的差距，而且这个差距还会随着时间的推移不断拉大。最后，曾经坐在一个教室里听讲的同学可能变成两个完全不同的世界里的人。

在职场上，同时入职的人都在一个起跑线上，开跑以后，有的人逐渐领先，有的人却越落越远——因为他们不肯像领先的人一样，事事认真。要知道，再庞大的项目都是由一个又一个琐碎的细节构成的，一个细节出问题可能不足以摧毁这个项目，可是十个、百个呢？放到个人身上也是同理，一件事做到差不多的程度也许体现不出与他人的差距，但件件事都如此，落后于人就是必然的结果了。

如果能早一点意识到自己存在的问题，及时做出改变，差不多先生们的生活还可以挽救。最怕的是过着碌碌无为的生活，却安慰自己平凡可贵，放弃改变的可能。希望我们的生活中能少一些"差不多"，多一些认真负责。

执行力——与其抱怨不如动手

行动，只有行动，才能决定价值。

——约翰·菲希特

上学的时候，老师向我们推荐过一本书——《致加西亚的一封信》。那本书很薄，用不了半天就能看完，故事也不复杂：美西战争爆发以后，美国需要尽快与古巴起义军的领导者加西亚取得联系，希望能和他达成合作。可是加西亚在古巴的深山里行动，美方没有人知道他到底在哪儿，不可能和他取得联系。紧急关头，有人推荐了一位叫安德鲁·罗文的中尉，并说只有他才能把信送给加西亚。于是，罗文出发了，他花费了三周，徒步穿越危机四伏的地区，最后终于找到了加西亚，把信交到了他手中。令人触动的是罗文在没有任何条件的情况下，只带着一个目标就义无反顾地出发了，并且真的排除万难完成了任务。他在任务中表现出的执行力十分可贵。

执行力是职场中的筛子，泥沙会被淘去，金子会被留下。

有一家店铺雇用着两名店员：阿诺德和布鲁诺。

刚开始的时候两人干着一样的工作，拿着一样的薪水。过了一段时间，阿诺德脱颖而出，开始分管店铺，布鲁诺却还是普通的店员。布鲁诺心里不服气，向老板发牢骚。老板听完他的话，思索了一下，说："这样吧，你先帮我做一件事，做完之后我再解答你的疑问。你现在去集市上看看今天都在卖什么。"布鲁诺去了，不久后回来对老板说："这会儿只有一个农民在卖土豆。"老板问："有多少土豆？"布鲁诺答不上来，又跑去集市，回来后说："四十袋。"老板又问："价格呢？"布鲁诺又答不上来，只好再次跑去集市问价格。"好了，你先休息一下，看看阿诺德是怎么做的。"老板叫来阿诺德，让他去看看集市上在卖什么。阿诺德很快就回来了，向老板汇报情况说："集市上现在只有一个在卖土豆的农民，有四十袋，价格问清楚了，他的土豆还不错。"阿诺德还说那位农民一个小时后还会再运几箱西红柿过来，价格不贵，昨天店里的西红柿销量不错，所剩不多了，他想老板应该会收购一些，所以已经把那位农民带过来了，正在店门口等着呢。老板听完对布鲁诺说："现在你知道你们的差距了吧？"

类似的情景，几乎每天都在现实中上演，甚至一些看过这个故事的人都会重蹈覆辙。

在我们的日常生活中，缺乏执行力显得十分普遍。我们大多数人都是"听了很多道理，却依然过不好这一生"的践行者，理论水平能拿 90 分，执行能力却只有 10 分，甚至会交白卷。

一位朋友曾经在微信群里分享了一篇十分有冲击力的科普文章，讲述了一位重度肥胖的女子生前签署了遗体捐赠协议，在因肥胖引发的心脏病去世后，她的遗体用作科研。研究人员对其进行解剖，发现她的脂肪层非常厚，仅划开肚子就废了一番力气，她的心脏取出后软绵绵的一捏就碎，根本没有泵送血液的能力，其他器官也有不同程度的病变。这个案例展示了过度肥胖对于健康的巨大危害，好几位朋友都说自己战战兢兢地半捂着眼睛才咬牙看完了，还有朋友表示今天一天都不想吃东西了。那段时间大家纷纷互相监督，调节饮食，增加运动，比以往任何时候都有健身动力。但是渐渐地，大家的热情退下去了，一个月之后，似乎谁都不记得那篇文章了，群里的日常又变成了互相推荐美食、推荐电影。这件事体现了阻碍我们执行力的一个典型原因：还有退路。因为群里的人都没有胖到危及生命的地步，所以紧张感很快就消失了，又恢复了往日的习惯。

我们在工作中缺乏执行力，多数时候也是因为觉得没有急迫感，还有时间。周一领导交代周三之前准备好一份报告，很多人不会立刻动手去整理资料，而是想着"周二还有一天，干吗那么着急"。如果领导布置任务的时候说"马上就要，做不完就收拾东西走人"，恐怕没有人会拖延。如果做事总是依赖外界给的急迫感，推一下动一下，那谈何执行力呢？

　　有人可能会说："我不是不想做，实在是回报太低了，不值得我那么上心。"的确，很多时候我们做的工作是看不到回报的，比如我们给一个项目提交了策划案，可能要反复讨论修改才能进入实施阶段，见到成果则需要更长时间，回报也显得遥遥无期。而我们的大脑偏偏天生喜欢即时反馈，回报延迟越久我们就越没有动力。这时候正需要我们的自控力发挥作用。我们得把目光放得长远一些，有一句话我十分欣赏："如果你想有一棵长了十年的苹果树，最好的种植时间有两个，一个是十年前，一个是现在。"我们现在所拥有的，是用过去的努力换来的；未来能拥有什么，则要看现在怎么做。早一点行动，就能早一点得到回报。

解决问题，而不是被问题解决

正是问题激发我们去学习，去实践，去观察。

——卡尔·雷门德·鲍波尔

著名作家 M. 斯科特·派克在《少有人走的路》一书中这样写道："人生是一个面对问题并解决问题的过程。问题能启发我们的智慧，激发我们的勇气；问题是我们成功与失败的分水岭。为解决问题而付出努力，能使思想和心智不断成熟。"

确实如此，我们在工作中会不断遇到问题，每一天都是和问题打交道的一天。如果不解决问题，问题就会反过来干掉我们。

在各种各样的行业里，客服行业是最容易直面问题的，他们的工作内容就是解决客户丢过来的各种问题。如果出了问题，面对怒气冲冲的客户怎么做最有效？许多人想到的解决方法可能是道歉，心思更周密的人还会想到道歉的态度要诚恳，最好能和客户多聊一聊，充分展示自己的同理心。这个思路看起来并没有什么问题，很多公司培训客服的时候也会这么做。但是一项关于客服的研究却出乎了很多人的意料。

凯斯西储大学的贾迪普·辛格（Jagdip Singh）和他的研究团队对一百多份机场客服柜台的录像进行了研究。录像的内容是航空公司的员工如何为遭遇问题的旅客提供服务，这些旅客有的碰上了航班延误，有的被弄丢了行李。研究团队分析以后发现，客服人员面对旅客有两个解决思路：一个是建立关系，即道歉、展示同理心等；一个是解决问题，即提供解决办法。研究结果表明，道歉、表达同理心并不能让旅客满意，这种行为持续的时间越长，旅客越不耐烦，即便客服"微笑服务"也不行；而尽快着手帮助旅客寻找解决方案的客服，即便无法提供圆满的方案，顾客仍然感到比较满意。直观地说，顾客在遇到问题时并不在乎有没有微笑服务，只关心如何解决问题。研究人员在此基础上又进行了一个实验，他们找来了五百多位有搭乘飞机经验的人，请他们听一段录音，录音内容是遭遇问题的乘客与航空公司客服的对话。听完录音后参与者需要对客服打分。打分结果显示，如果客服为旅客提供多种解决方案——即使每种都不理想，得分也是最高的。这个结果虽然与以往的认知不一致，但是转换角色思考一下，立刻就明白了，如果我们是遇到问题的旅客，最紧迫的需求是赶紧解决问题，而不是听客服笑眯眯地说"真是对不起"。

对照我们自身来看，在工作中遇到问题以后，最佳选择就是着手解决问题，如果能同时提出几种不同的解决方案，则更加值得表扬。不幸的是，很多人行走职场几年，依然不明白这个道理，甚至分不清完成任务和解决问题的区别。举例来说，我们接手了一项工作，完成的过程中发现数据有误，于是自己重新查资料修正，最后完成了领导交代的工作。这个过程中修正数据不算解决问题，它只是完成分内工作的必要步骤。试想，如果没有发现这个错误，导致工作存在缺陷，那就是失职了。可以称得上解决问题的是任务条件发生改变，可能导致项目流产时，想办法去挽救。例如单位需要印制一批宣传册，所有材料准备齐全，马上要印刷的时候，工厂因为不可抗力停产了，这时寻找替代的厂家按时完成印刷任务，就是在解决问题。

有些人也有心去解决问题，但是常常不知从何入手，这里介绍一种科学的分析问题的方法——麦肯锡解决问题七步法，希望可以帮助大家厘清思绪。

第一步，陈述问题。把需要解决的问题清晰、具体地表述出来，避免笼统地概括，也不要罗列一堆事实。这个问题得是能采取行动解决的。

第二步，分析问题。可以通过画出逻辑图表，更直观地剖析问题，罗列出相关的条件和疑问。

第三步，去掉非关键问题。这一步能帮助我们把焦点放到最核心的问题上，避免浪费精力。

第四步，制订工作计划。采取可行的手段来解决问题，不必等到所有的资料都收集齐全再行动，可以一边做一边完善或修改。

第五步，进行关键分析。不必拘泥于数字，而要以假设和目标为导向，尽量简化分析。对可能产生的困难做好准备，避免临时抱佛脚。

第六步，综合分析调查的结果，建立结论。

第七步，陈述过程。将你解决问题的来龙去脉整理清楚，形成一个完整的案例。

人生就是一个问题接着一个问题，如何面对问题，决定了我们如何过这一生。

浮躁是职场大忌

事业常成于坚忍，毁于急躁。

——萨迪

　　国内有人做过一个调查，结果显示 84% 的人觉得生活在一个"加急时代"。生活节奏越来越快是不争的事实，我们仿佛置身于一个快速旋转的转盘上，绕着圆心脚不点地地奔跑，心已经浮躁得跳起来了。《论语》云："欲速则不达，见小利则大事不成。"但是没有多少人把这份提醒放在心上，大家都想快一点，再快一点，恨不得今天做出一些努力，明天就走上人生巅峰。这简直无异于痴人说梦。

　　现代社会各种新鲜事物层出不穷，刚看到哪个企业年终奖百万元，紧接着又看到哪个主播收入千万元。我们成天泡在这些信息里，一边羡慕别人一边叹息怎么还没轮到自己成功，最后还要批评一下社会太浮躁。可是，我们都忽略了，这些成功的企业、成功的主播在成功之前经历了什么。形容古代学子挤科举独木桥的那句诗放在这里再合适不过了："十年寒窗无人问，一朝闻名天下知。"我们羡慕别人的成功，却从不羡慕别人经历的苦难；我们渴望成功，却从不渴望苦难。然而不克服那些苦难，哪儿来的成功？

有一位朋友在一家文化公司做人事工作，忙碌之余还经营着一个个人公众号，时不时会分享一些职场心得，慢慢地也聚集了一帮读者。经常有人在后台咨询问题，倾诉自己的困惑。

有一次，一位读者发来一大段话，从选择大学专业开始一直讲到现在的工作，末了问朋友："我心里很迷茫，下一步应该怎么做？"那位读者中学时代就对文创很感兴趣，收集了很多相关的产品，高考之后报志愿时，她想选择设计类的专业，以便将来从事和文创相关的工作。但是家人极力反对，认为以她的成绩应该选择就业前景更好的金融专业，文创只不过是小打小闹的边缘产业，说不定什么时候就不行了，爱好不能当饭吃。这位读者犹豫了，最后听从了家人的意见。读书的这几年，金融方面的人才趋于饱和，文创产业逐渐发展壮大，一些知名的机构都纷纷布局自己的文创板块，这位读者越来越着急，后悔没有坚持自己的想法。毕业前，抱着试一试的想法，给一家从事文创开发的企业投递了简历，并幸运地被录取了。终于进入自己心仪已久的行业，她本以为能很快大展身手，没想到却在现实面前碰了钉子。刚进入公司的前一年，她根本没有机会接触完整的项目，交到她手上的都是一些零散的工作，比如联系造纸厂、布料厂，汇总市面上某类产品的种类，等等。她感觉自己的热情和才华被浪费了，不能直接做项目，不能直接开发一系列受欢迎的文创产品出来，她进这家公司的意义何在呢？

考虑了一段时间以后，她从那家公司辞职了，进入了另一家有文创业务的公司，这家公司同时还接一些委托设计的项目，她的工作更杂了，很多是和文创无关的。待了大半年，她又辞职了，选择了一段时间以后，她进入了一家更小的公司。第三家公司的支柱业务就是文创产品，但是由于规模小，与之合作的都是一些不太看中文创产品的客户，比起做文创更像在做附赠品。她已经在这家公司待了一年多，毕业这么久了，还是没有做出像样的项目。

　　这个读者遇到的问题，相信很多人也遇到过。她身上存在的最大的问题就是浮躁，沉不下心去把手头的工作做好。很少有人能够一毕业就直接经手正式的项目，往往都是从打杂开始做起。不要小看打杂，它是快速熟悉公司整体运营的好方式。刚进公司，我们可能什么也不懂，今天领导交给我们这个任务，明天老员工让我们帮忙做一下那个工作，这都是很好的学习机会，甚至连跑腿送文件这种小事都能帮我们熟悉部门组成。把每一份接手的工作都当成一个切入点，从点到面，逐步熟悉全盘工作，有不懂的地方及时请教。等我们对公司的运作有了足够的了解，知道了公司由哪些部门组成、哪个人分管哪些业务、公司擅长哪些产品、哪条线可以继续开发，才有操作一个项目的基础。所以，不要忙着嫌弃打杂，不要抱怨公司不给自己项目，先问问自己："我把该做的事做好了吗？"

　　当你理解了沉下心的必要，就可以真正地迈出职场晋升的步伐了。

对自己的薪水负责

> 我们的人生随我们花费多少努力而具有多少价值。
>
> ——莫利亚克

步入社会，经济独立以后，无论我们主观上愿意不愿意，都得关注一个问题：薪水。我们的生活离不开物质保障，薪水也就成了一项重要的就业选择指标。然而，每个人的收入差距用天差地别来形容一点都不为过。打开福布斯年收入排行榜，名列前茅的人一年的收入就达几亿美元，很多人终其一生，总收入也到不了他们的零头。看新闻的时候，见到某某球星以百万美元的薪酬签约某俱乐部，或某某演员以千万美元的片酬出演某部电影，我们往往咂舌，感叹他们怎么就那么值钱。

是什么决定了我们的薪水？这要从付薪水的雇主说起。对于雇主来说，员工所创造的价值有多少不是关键，付给员工多少薪水也不是关键，两者的差值才是关键。有价值的员工必定能创造高于薪水的价值，否则雇主就会不断赔钱，再不精明的人也不会做这样的买卖。

　　生活中还存在另一种情况，我们觉得某个员工的工作并没有什么难度，干得也不算出色，但是老板仍然留着他，付给他薪水。他拿的钱可能不多，但是创造的价值肯定比他的薪水多。所以这种员工的存在也是合理的。

　　有一些人在步入职场的时候，非常在意薪水的起点，觉得薪资不高于当地平均工资的工作就是不好的工作。这是走入了误区。收入领域也适用二八原则，即 20% 的高收入人群拿走了 80% 薪酬，余下 80% 的人瓜分 20% 的薪酬，也就是说，必定存在一大批人的收入低于平均工资。刚刚进入职场的新人，如果没有一技之长，没有过硬的核心竞争力，凭什么要求公司给自己高薪？即便公司答应了你开的条件，你是否有把握创造出足够的价值，让自己对得起拿到的薪水？

　　我步入职场不久，有幸认识了一位业内的老前辈，听她谈起自己的职业生涯。前辈年轻的时候就以敢拼敢干在单位里闻名。那时候她还是个普通的小职员，对待分到手上的项目从不马虎，并且敢提新点子，敢率先尝试。几年之后她就成了单位的业绩骨干，甚至有老员工和她开玩笑说："我们组可都是靠你养着啦！"按说，工作做到这种程度她的地位算是很稳固了，也有给自己加价的权利了。但是她并没有挟功自重和单位谈条件，而是继续扎实工作，主动请缨去啃硬骨头。在多数人看来，这是一件费力不讨好的事，她需要把自己在前面的工作中积累的荣誉暂时放下，花时间吃透一个新的领域。有多少人肯这么干？但是她就这么干了，花了不到一年的时间啃下搜集到的所有资料，在首次与业内资深专家开会时获得一致的认可，成功拿下未来在项目中的主导权。项目开始以后，经历了几次大的波折，最严重的一次是单位合并，她所在的单位被整编并入另一个单位，她的项目几乎流产，差点儿被新单位卖掉。努力保住项目以后，她又克服了单位兼并、人员调动带来的各种不便，最终推出耗费了几年心血的成果，成为业内的新标杆。直至今日她的这个成果依然在所在行业占有一席之地。现在，已经退居幕后的她很乐意把自己的经历拿出来和后辈分享。如果这位前辈当初对薪水斤斤计较，觉得薪水对不起自己的劳动，那么恐怕无法走上更广阔的发展天地。她也许会继续当业绩骨干，但是肯定无法靠收入多成为业内标杆。

追逐薪水的人，总在衡量自己是不是干多了，生怕吃亏，殊不知这样算计搭上的是自己的未来。工作几年以后，很多人会掉入中等收入陷阱，收入不再像以前那样每年稳定增长，仿佛到了瓶颈期。其实进入瓶颈期的不是我们的薪水，而是我们的能力，去除通货膨胀等因素的影响，我们创造的价值已经无法让我们加薪了。而让自己不断升值的方法就是，多做一点，再多做一点，让自己变得有用。

记住，你不只是在为拿到的薪水负责，更是对自己的未来负责。

成为金子，学会发光

藏起来的金玉无异于埋在地下的瓦砾。

——贺拉斯

中国人民大学国际关系学院副院长金灿荣在一场讲座上说过这样一句话："90% 的中国人都觉得自己怀才不遇，是不是？但当中却有 90% 是无才可遇。"这话乍一听十分伤人，细细琢磨却不无道理。我们面对郁郁不得志的人时，常常安慰他们："是金子总会发光的。"似乎已经默认了他们就是"金子"。可是我们也常说"物以稀为贵"，黄金之所以昂贵就是因为它稀少，如果每个觉得自己不得志的人都是"金子"，那这"金子"是不是有点儿太多了？

要搞清楚自己是不是真的"怀才不遇"，先得弄清楚自己到底是不是"金子"。人们的能力高低有别，擅长的领域也各不相同，如果对自己没有准确的认知，莽撞地给自己揽活，很有可能会一事无成。

一次聚餐的时候，一位学弟讲了他实习期间发生的一件事。学弟刚去实习的时候，他们部门正在筹备一期线上课程，已经请到了两位比较有分量的老师。领导觉得还需要再请一位其他行业的老师，于是询问谁有相关的资源。当时部门中还有另一位实习生，比学弟早几天来的公司，和部门的人混得很熟。领导问完之后，那位实习生便轻松地说他认识某位老师。大家一听能够请到那么重量级的人，都很开心，领导便把请老师的事交给了他。过了几天，课程快上线了，实习生请的老师还没影儿，领导问起来，实习生才小声说，他和那位老师并不熟，只是见过几次，那位老师没有答应他的邀请。领导听后十分生气，但是不得不补救，最后还是公司老总出面请到了合适的人选。俗话说初生牛犊不畏虎，敢闯敢拼固然很好，但是认清自己的分量也很重要，有时担下了无法胜任的工作，后果可不是丢面子那么简单。是金子固然好，如果不是，就努力打磨自己，提升自己，争取早日跻身金子的行列。如果尽力了，确实达不到金子的标准，也不必自暴自弃，这个世界不光需要金子，也需要石头和土壤。

有一个高僧问："你说一粒金子好，还是一堆烂泥好？"求道者回答："当然是金子好！"高僧笑着问："如果你是一颗种子呢？"

对种子来说，再多的金子也无法像泥土一样供它生长。认清自己，找准定位，才能让自己发挥最大的价值。

作为金子，如果没有合适的环境，也是会被埋没的。美国《华盛顿邮报》曾经安排著名的小提琴演奏家乔舒亚·贝尔（Joshua Bell）在华盛顿朗方广场地铁站进行一场特殊的演出。

像其他的流浪音乐家一样，乔舒亚·贝尔的脚边放着打开的琴盒，但是他手上的小提琴则是意大利斯特拉迪瓦家族于 1713 年制作的名琴。演奏开始，乔舒亚·贝尔十分认真地演奏了六支曲子，耗时四十三分钟，其间有一千多名行人经过，但是只有七个人停下来欣赏了他的演奏。演奏结束后，他的琴盒里有 32.17 美元，是二十七个路人施舍的，其中大部分人是边走边扔下钱的。而就在三天前，他在波士顿交响音乐厅举办的演奏会票价高达 100 美元，并且座无虚席。个人的成功向来不只取决于自身的能力，天时、地利、人和，往往缺一不可。如果你发现自己身处不合适的环境，不要想着将就将就得了，及时止损，去一个更合适的环境才是明智的做法。

有时，我们自身的能力没有问题，身处的平台也没有问题，但是我们的才华没能得到充分发挥，那么就要反思一下，自己是不是没有主动展示能力。就算我们是千里马，也不一定每次都能刚好遇到伯乐，还有的时候，混在马群里，伯乐没法一眼认出来。所以不要藏着掖着，主动寻找合适的时机把光芒露出来，让决策者知道你是金子，你就会赢得自己应有的机会。

第六章
爱的港湾：面对家庭不能放纵

走遍天涯觅不到自己所需要的东西的人，回到家里就发现它了。

——莫尔

　　成长是人生中不可回避的主题。成长，不仅意味着我们自己在改变，也意味着周围的人在改变。步入社会以后，朋友、同学陆续传来婚讯，我们这一代人陆续组建起自己的小家庭；很多人开始升级成为父母，身份转变要求他们考虑如何与孩子相处；我们的父母则逐渐老去，身体状态和心理状态与青壮年时相比变化很大，以往的相处方式已经不再适用。随着一系列身份的变化，很多人都会遇到或大或小的问题，新组建的家庭怎样磨合、如何培养和教育孩子、如何与年长的父母沟通，等等。有些人不适应这些新情况，乱了阵脚，和爱人争吵、过分地控制孩子、对父母不耐烦，家庭氛围十分紧张，自己也备感压力。家庭是这个社会的基本组成单位，是见证我们成长、成熟的场所，是给予我们爱与包容并且需要我们用心呵护的避风港。我们务必认真对待与家人的关系，不要因为亲近而放纵自己的坏脾气，不要认为家应该无限制地包容我们。越是亲近的人越该用心对待。

他们老了，他们曾经年轻

当你老了，头发白了，睡意昏沉，炉火旁打盹，
请取下这部诗歌，慢慢读，回想你过去眼神的柔和，
回想它们昔日浓重的阴影。

——叶芝

在人生的前二十年，父母在我们心中的形象似乎变化不大，
母亲或温婉或爽利，轻快的脚步在厨房和厅堂之间穿梭；父亲
或风趣或严肃，挺拔的身躯似乎能扛下所有困难。我们经历小
学、中学、大学，他们好像一直都是一副中年人的样子，似乎
不会变老。但是，当我们离开他们的庇护，独自走入社会，经
营起自己的人生以后，他们好像开始加速衰老了。几个月不见，
他们头上的白发又多了，脸上的皱纹又深了，身板也不像以前
那样挺拔了。有没有哪个瞬间，你突然注意到父母老了？

安安是我毕业后结交的第一个朋友。我们同一年毕业，一
个向南一个向北会集到同一座城市，进入同一家公司的同一个
部门。几年过去，友情深厚。怎么也没有想到，春节假期刚刚
结束，安安突然表示要离开这座城市，返回故乡。几位共同的

朋友得知消息后都感到惊讶，但是安安并没有解释原因，只是按部就班地交接工作，收拾行李。直到成行前的离别宴上，她才向大家道出原因。安安的父母十分开明，一向支持她的选择，无论她到远离家乡的学校读书还是到陌生的城市工作，都在背后默默地支持她。在安安的印象里，父母一直都是坚强的、稳定的、能够给她力量的。工作以后，虽然已经察觉父母的容颜有了衰老的迹象，但是改变并不算大，安安也就没有太往心里去，安慰自己"父母年纪还不算大"。这次春节，安安用上了年假，提前一周回家，并且没有告诉父母，准备给他们一个惊喜。到家时已是晚上，家里却空无一人，安安以为父母去邻居家串门了，于是，敲响了母亲常去的李阿姨家的门。"安安，你怎么没去医院？"李阿姨见面的第一句话就让安安愣住了。这时她才知道，母亲由于旧疾复发已经住院一周了，父亲最近一直都在医院照顾母亲。但是，怕一人在外的女儿担心，他们什么都没说，两天前还在电话里告诉安安家里一切都好，让她照顾好自己。经过一段时间的治疗，安安的母亲已经康复出院，安安也做出了决定：回到父母身边，陪伴他们走过人生的后半段旅程。

小时候，家里遇到困难，父母会骗我们说"没事"，自己辛苦扛着；现在，父母年纪大了，即使生活遇到麻烦，也依然不愿意告诉子女，而是默默忍受。而我们即便察觉到一些细微的变化，只要父母不说，便心安理得地当作没事，拿自己事业正在上升期、自己还有小家要照顾、自己要追逐远方来搪塞，有意无意地忽视父母需要照顾的事实。在父母渐行渐远的时候，我们狠心地缺席了。可是，我们不能忘记，如今日渐苍老的父母也曾经年轻。在我们幼小的时候，他们是怎样一边辛苦工作一边照顾我们的？他们是不是也为了我们牺牲过诗与远方？他们在我们身上倾注的爱，我们真的回报了吗？

马尔克斯说，父母是隔在我们与死亡之间的帘子。父母在，我们尚有来处；父母去，我们只剩归途。作为子女，在奔向自己的理想、享受自己的生活时，也要记得带我们来到这个世界的父母正在老去。控制一下自己匆忙的脚步，等一等父母。即使由于现实限制，无法经常陪在父母身边，也应该将父母记挂在心里，和父母保持顺畅的沟通，及时注意他们的需求，避免子欲养而亲不待，留下永远的遗憾。

你为什么不愿和父母谈心

一场争论可能是两个心灵之间的捷径。

——纪伯伦

随着父母年长，我们和父母的关系也在产生变化。小时候我们总渴望快点长大，快点独立，快点摆脱父母的种种约束。长大后，我们终于独立了，父母很难像以往那样直接命令或限制我们，加之年龄增长让他们的心态产生了变化，有时在子女看来，父母变得难以理喻了。个人的成长与父母的老去是一对无法调和的矛盾，年龄的差距和时代的变化使父母与子女之间注定存在很多不同。去了解父母老了以后容易出现的心理，用沟通和理解代替对抗和争吵，能够消除不必要的隔阂。

很多人发现，父母年纪大了以后，越来越喜欢用一些陈旧的观念指导我们的生活，就算我们努力去解释，他们还是很难接受新的观念。于是，越来越多的人选择用减少交流换取表面的和平。很多人不去深究父母变成这样的原因，只简单地归结为他们老了，跟不上时代了。其实，发生在父母身上的变化我们自己也需要警惕。

美国人类学家克利福德·吉尔茨（Clifford Geertz）在考察过印度尼西亚爪哇岛后，提出了一个概念：内卷化。吉尔茨深入爪哇岛居民的生活中，研究他们的族群文化状态，了解他们的生产方式。吉尔茨发现，当地的居民长期维持一种原始农业模式，生活方式和观念也和几百年前一样，也就是说，这里好像停止了发展、进化似的，日复一日地重复着一种古老的生活。吉尔茨在调查报告中将这种现象称为"内卷化效应"。后来这个概念被借用到政治、经济、社会、文化等多个领域。我们的现实生活中，不乏这样的"内卷化现象"。具体到个人身上，发展到一定时期便不再渐进式提升，在一个简单的层次上不断地自我重复，也是一种内卷化。

　　当年，某电视台的记者在陕北采访到一个放羊的男孩，出现了一段这样的对话：

"为什么要放羊？"

"为了卖钱。"

"卖钱做什么？"

"娶媳妇。"

"娶媳妇做什么呢？"

"生孩子。"

"生孩子为什么？"

"放羊。"

　　几乎每个看到这段对话的人都哑然失笑，为愚昧和落后的荒唐思想叹息。这个放羊的男孩所说的生活就是一种内卷化的生活。看起来，我们的父母和这种生活离得很远，其实不然。想想看，父母是不是也会拿他们的经验来教训你，巴不得你走上他们安排好的道路？做公务员的父母会向你讲述公务员的种种优势，催促你准备国考；在国企工作的父母依然保留着"铁饭碗"的观念，鼓励你进入国企。但是，他们没有注意到，即便是以稳定著称的单位，现在也在不断变革。社会在不断发展，我们所处的历史时期甚至可以用"百年未有之大变革"来形容，以固定的、重复的视角来看待它显然是不合适的。

　　弄明白这一点，父母的很多不可理喻的观点都可以解释得通了。在之后的相处中，我们可以适当地引导父母关注变化，与他们分享自己的体会。父母丰富的经历也是一笔财富，和他们多沟通沟通，也许会带给我们意想不到的启发。至于我们个人，也应该警惕内卷化，避免原地踏步，让精神状态和思想观念保持活跃。

原来，爱也要控制

> 婚姻的成功，不是寻找一个适当的人，而是自己
> 该如何做一个适当的人。

——利兰·伍特

经营婚姻是一个深奥的课题。恋爱的时候，摩擦、争吵、误会可以通过爱来化解，但是维持良好的婚姻关系只有爱是远远不够的。婚姻不只需要花前月下的浪漫，还需要柴米油盐的踏实。婚姻，就像人生这所大学里的高数课程，很多人学得焦头烂额，却仍然达不到及格线。在婚姻中我们常常对另一半提出种种要求，"必须如何"或"禁止如何"，可是家庭不是驯兽场，我们不应该对另一半发号施令。

人无完人，另一半可能存在让你不满的地方，但是不要试图用外力去改变。整天在伴侣的耳边喋喋不休，将其和别人比较，只会把伴侣越推越远。

众所周知，林肯是美国历史上一位伟大的总统，但是很多人不知道与他的功绩相对，他有一个不幸的婚姻。与林肯同样从事法律工作的哈顿说，林肯二十多年都"处于婚姻不幸造成

的痛苦里"。林肯的妻子总是不停抱怨、批评丈夫。她觉得丈夫走路的动作不够斯文，觉得他鼻子不够挺，嘴唇也不好看。除了外貌，她在修养、性情、志趣等方面都和林肯大相径庭。他们的家中总是充斥着指责和抱怨。甚至有一次，在有其他人在场的早餐场合，林肯夫人将一杯热咖啡直接泼到了丈夫的脸上。林肯所在的春田镇的其他律师们工作日往往需要留在其他镇办公，林肯也不例外，但是周末的时候其他的律师都乐意回家，林肯却宁愿去住不舒适的小旅馆，也不愿意回家面对妻子的吵闹。无论是咄咄逼人的妻子还是忍气吞声的林肯，都没有在婚姻中得到幸福。

如果另一半确实存在需要改正的缺点，吵闹并不能根治问题，像对待其他难题一样，分析原因，逐步解决才是理智的做法。另外，如果一些要求自己也达不到，就不要强迫另一半去达到。比如自己无法早睡早起，却指责另一半睡懒觉，是很不公平的。这时共同制订一个改进计划，相互鼓励，相互监督，共同进步，才是良性的相处之道。

另外，可以尝试用欣赏和赞美代替批评。我们每个人内心都是渴望被认可和鼓励的，赞美可以让我们更有动力，更愿意坚持。例如另一半准备戒烟，如果对方今天比昨天少抽了一根烟，自己就可以针对这一点进行鼓励，而不是拿别人很快戒烟的事例来讽刺伴侣太不自律。时刻提醒自己，不要让差评毁掉你的婚姻。

民国才子胡适，娶了大他一岁的江冬秀为妻。胡适是受过高等教育、留学归来的才子，江冬秀却是不认字的"小脚太太"。

无论从哪个角度看他们的婚姻都不算门当户对。但是他们却相伴一生，留下了一段佳话。胡适幽默风趣、嬉笑怒骂，对妻子却钦佩、敬重；江冬秀泼辣、豪爽、有侠义气，小事上却见对丈夫的体贴关怀。胡适有一段有名的新"三从四得"：太太出门要跟从，太太命令要服从，太太说错了要盲从；太太化妆要等得，太太生日要记得，太太打骂要忍得，太太花钱要舍得。读来令人莞尔，细品却能体味出颇有智慧的夫妻相处之道。秘书胡颂平透露，胡适到了晚年曾说过："久而敬之这句话，也可以作夫妇相处的格言。所谓敬，就是尊重。尊重对方的人格，才有永久的幸福。"的确，无法互相尊重的婚姻，必然是相看两厌，充满矛盾和争吵，注定走不下去，就算出于种种原因考虑不离婚，也只是延长彼此的痛苦。

婚姻之中，还要给彼此留下一点空间。俗话说距离产生美，再亲密的关系也需要一些独处的时间。关系再融洽的夫妻也不会处处一致得像一个人，每个人都需要和他人保持一些距离，和自己独处。无论遇到怎样的婚姻，都不能忘记自己首先是独立的个体，有独立的人格、独立的思想。

婚姻的确需要控制，但不是控制对方，而是控制自己，控制自己的占有欲、嫉妒、虚荣、攀比，培养自己的包容、理解、关爱。只有双方共同努力，共同经营，婚姻才能健康长久地存在下去。

孩子是独立的个体

你可以给予他们的是你的爱，却不是你的想法，因为他们有自己的思想。你可以庇护的是他们的身体，却不是他们的灵魂。我们到底怎么做才能不扼杀孩子的独立意志？

——纪伯伦

对于已经为人父母的人来说，孩子往往就是他们生活的重心。在孩子还幼小的时候，紧张孩子营养够不够，睡得好不好，恨不得一天二十四小时都守在婴儿床边。等孩子开始上幼儿园了，操心的事就更多了，比如和老师相处得好不好，和小朋友能不能玩到一起去，学习新知识的过程中有没有遇到问题。从孩子上小学开始，孩子的学习又成了压在父母心头的重担，望子成龙、望女成凤的心情谁都有，辅导孩子做功课也成了对父母的一大考验，有人打趣说不辅导功课时"父慈子孝"，一辅导功课就"鸡飞狗跳"。父母对孩子的爱，无疑是伟大而深沉的，但是这种爱很容易走入一种误区——不把孩子当作独立的个体。这样一来，父母的爱在无形中就成了孩子成长路上的阻碍。

　　在一部分父母的眼中，孩子就是孩子，无论孩子怎样成长，取得怎样的进步，在他们眼中，始终不是和自己平等的独立个体。这些父母可能自身能力很强，可以为孩子提供很多指导和帮助，但是也很容易打击孩子的自尊心。

　　我家的邻居是一对中年夫妻，两人的儿子在上小学高年级。男孩个头儿很高，已经快追上妈妈了。一般情况下，是妈妈送孩子去学校。我早上有时会和他们坐同一班地铁，一段时间下来，对两人的相处模式有了大概了解。这位妈妈是位十足的"虎妈"，讲话干脆利落，很有气势，对比之下男孩则有些懦弱，说话声音弱弱的，好像没什么底气。有一天，妈妈直接在地铁上批评起了男孩。原来男孩的学校刚组织过一次考试，男孩的分数还可以，但是妈妈并不满意。妈妈一边翻男孩的书包，把几份卷子翻得哗哗响，一边语速很快地问了男孩一连串问题：卷子改完了吗，找过某某老师了吗，接下来的安排都清楚了吗……听上去，她已经把孩子要做的一系列事都安排好了。男孩一开始并不答话，垂着头看手上捧着的一本书。妈妈问了一会儿不耐烦了，提高了声音，周围的人也开始注意他们。男孩似乎受不了了，嘟囔着"知道了，知道了"，声音很低，语气很不高兴。妈妈得到了回应，又开始快速地说起来，并且越说范围越广，连男孩此刻站着看书的姿势都批评了一番。男孩终于忍不住了，爆发出一声反抗："你总是这样！我从小就被你这样说，所以特别不自信！"母亲稍微愣了一下，声音柔和了一些，但是仍然在指点孩子的一言一行。男孩喊出那一句后，勇气似乎用光了，又垂着头继续听妈妈的训话。看起来这种小爆发并不是第一次了，妈妈并没有当回事，孩子也不再指望这样的反抗能让妈妈改变。而周围的乘客有不少都在摇头叹息。

无独有偶，这对母子让我想起了不久前遇到的一对父子。也是在早班的地铁上，一个年轻的爸爸带着一个七八岁的男孩，上车后，男孩有些活跃，这儿摸摸那儿看看，爸爸拦住他，提醒他不要随意走动。接着把他拉到一旁，拿出手机提议复习最近在学的地理知识，男孩开心地答应了。于是两人开始一问一答，男孩答错了的时候，爸爸也不急着告诉他答案，而是给出各种线索提醒他。后来两人复习到了一座滨海城市，刚好出现在一首网红歌曲里，男孩开心地唱起来，周围的人都被逗笑了。爸爸有点儿哭笑不得，摸着男孩的脑袋说："学了半天你就只记住它啦！"

这位妈妈固然是爱孩子的，她在孩子身上倾注的心血绝对不少于其他的父母。但是她的孩子显然是不幸福的，不但不幸福，还出现了心理问题。妈妈的爱过于强势，对男孩的干涉无处不在，孩子根本无法形成健全、独立的人格。强势的父母、对孩子掌控欲太强的父母，应该引以为戒；该放手的时候放手，不要担心孩子会摔跤，经历一些挫折，他们才能更坚强地成长。

《触龙说赵太后》中有一句话："父母之爱子，则为之计深远。"父母对孩子的爱不应该是束缚他们奔跑的绳索，而应该是送他们破浪远航的风和帆。

每个孩子都要远飞

你的儿女，其实不是你的儿女。他们是生命对于
自身渴望而诞生的孩子。他们借助你来到这世界，却
非因你而来，他们在你身旁，却并不属于你。

——纪伯伦

世界上多数的爱都因为相聚而越加浓烈，也因为浓烈而期
盼相聚，然而父母对子女的爱，不会因为距离遥远而减淡分毫，
甚至可以说，父母对孩子倾注爱意就是为了让他们有一天能远
走高飞，离开父母，去看更广阔的天地。

作为父母，在孩子成长的过程中，难免产生矛盾的心情。
一方面，看着孩子一点一滴地进步，从会爬到会走会跑，从牙
牙学语到识字作文，从婴儿长成为儿童、少年、青年，心中充
满骄傲和自豪；另一方面，看到孩子需要自己的地方越来越少，
越来越独立，拥有了自己的交际圈、自己的爱好、自己的梦想
和人生目标，心中免不了感到空荡荡的。孩子逐渐摆脱对父母
的依赖时，父母可能会因为不适应心理落差而采取一些不恰当
的行为，干涉孩子的选择，致使亲子关系紧张。

同事霄云最近一下班就拉人聚餐，借口五花八门，要么是庆祝偶像主演的电视剧播出，要么是庆祝家里的猫咪生日，要么是庆祝新的节气。大家被她弄得晕晕乎乎，一再追问，她才说出了真实原因。原来，霄云在躲她的妈妈。前一段时间霄云在和妈妈打电话的时候抱怨了几句工作太累，想回家。本来只是随口说说，发泄一下，没想到妈妈第二天就飞过来了，还张罗着要帮霄云收拾行李，尽快回家。霄云吓得赶紧解释，自己只是随口一说，并不准备放弃现在的工作。妈妈却听不进去，一口咬定霄云在外面吃苦了，劝她不要在家长面前硬扛，尽快回家。现在，霄云不知道该怎么和妈妈解释，只要她下班回到家，妈妈就会追问工作交接了没有，什么时候离职。她实在没办法，只好谎称自己要加班，拉着同事一起聚餐打发时间，挨到很晚才回家。

据霄云说，以前她的妈妈并不会这么干涉她的生活，高中的时候还鼓励她多锻炼自己的独立能力。可是自从她到外地工作以后，妈妈好像对她越来越不放心了，有时明知是工作时间还要打电话询问她的情况，并且旁敲侧击地询问她有没有回家工作的意愿。这次霄云一发牢骚，妈妈立刻抓住机会，摆开架势非要把她带回家不可。霄云一边说一边叹气，想不通为什么自己长大了，妈妈反而不肯放手了。

霄云的妈妈固然疼爱孩子，但是没有做好角色转换，不能适应孩子脱离她的掌控，独立开始新生活。然而孩子有自己的生活理念，也需要自己的生活空间，父母得学会在恰当的时机退出，让儿女们独立行走。放手以后，父母们会拥有更多属于自己的时间和精力，可以更多地关注自己的生活。

不久的将来，儿女们也会养育下一代。在子女的教育问题上，两代人的观念往往存在冲突，上一代人的知识可能会与时代有些脱节，这时要提醒自己，不要越俎代庖，不要剥夺子女对下一代的教育权利。考虑到两代人在生活习惯和观念上的差异，在条件允许的情况下，可以和子女分开居住，互不侵犯生活空间，让双方都可以在相对舒适的家庭环境中生活。

有些距离、有些空间的亲情，能够让两代人自由地舒展身心，更好地享受生活。

第七章

不忘初心：困境中更需自控

累累的创伤，就是生命给你的最好的东西，因为在每个创伤上都标示着前进的一步。

——罗曼·罗兰

我们都知道，人生如行路，没有捷径可走，遇到山要爬过去，遇到河要蹚过去，一路前行，一路拼搏才能到达目的地。前进的途中难免遇到坎坷，可能滚下山坡摔得遍体鳞伤，也可能遭遇暴雨淋成落汤鸡。在这些难挨的日子里，在忍受伤病的时刻，我们该怎样治愈自己？本章将探讨困境中的问题，以及自控力在这些场合的作用。

压力无处不在

> 人们最出色的工作往往在处于逆境的情况下做出。思想上的压力，甚至肉体上的痛苦都可能成为精神上的兴奋剂。
>
> ——贝弗里奇

长久以来人们提到压力就会面带难色，像是听到了什么惹人生厌的东西。在大多数人看来，压力的确不受欢迎。有人认为压力是精神的毒药，会损害我们的身心健康，这一看法能够得到很多研究结果的支持，但这并不是压力的全部。

20 世纪末，三万名美国成年人参与了一项调查，回答了两个问题：过去一年自身的压力状况如何？压力是否有害健康？过了八年，研究人员统计哪些参与者已经去世。结果令人意外，之前的研究表明高压力可以提高 43% 的死亡风险，但是参与者中承受着高压力但并不认为压力有害的人，死亡风险最低。承受着高压力并认为压力有害的人死亡风险最高，认为压力有害并承受着较小压力的人的死亡风险次之。研究人员得出结论，压力大的人并不是死于压力，而是死于认为压力有害的观念。

回想一下，你一天会遇到多少感到压力的时刻？那时你的感受是什么样的，是觉得"压力山大"还是被激起了斗志？我们对这些压力时刻的看法会影响体内激素的分泌，从而影响我们的身体状态和行动。

长期遭受压力侵害的人，身体会处于消耗模式，更容易感到身体疲乏、肌肉酸痛。处于压力中的身体，会释放压力激素（如皮质醇），从而对心脏、血管、免疫系统产生影响。医学研究发现，压力可能诱发或加重多种疾病，例如消化系统疾病、心脑血管疾病、泌尿系统疾病、神经系统疾病、免疫系统疾病、肥胖和糖尿病等疾病、皮肤疾病。压力大的时候，有的人会感到胃痛，有的人会忍不住想去厕所，这都是身体受到影响的表现。

如何看待压力，决定了我们采取怎样的行为面对压力。认为压力有害、害怕压力的人，倾向于消除压力或逃避压力，所以他们大多会采取以下手段应对压力：逃跑，远离让自己感到压力的事物，而不是解决问题；努力消除压力感，而不是消除让自己产生压力的根本原因；麻痹自己，饮酒甚至使用易上瘾的物品；停止投入，不再向让自己感到压力的目标、人物投入精力。这些表现在生活中都能发现不少鲜活的例子，例如大敌当前临阵脱逃、借酒消愁、追求心仪的对象时遭到拒绝就不再行动，等等。

而能积极地看待压力的人，更容易将压力变为动力，鞭策自己采取有效的行动进行应对。他们能够接受已经发生的事和随之而来的压力，能够针对压力的源头制定解决方案，会主动寻求帮助、征集建议，展开切实有效的行动，一步一步解除压力。

早在20世纪50年代，美国心理学家阿尔伯特·艾利斯（Albert Ellis）便提出了情绪ABC理论，A（activating event）指诱发性事件；B（belief）指个体在遇到诱发事件后对应产生的信念，也就是对这件事的看法、解释和评价；C（consequence）指特定情景下，个人的情绪和行为结果。艾利斯发现，真正对人造成创伤的、导致C（我们的情绪和行为反应）的，不是A（事件），而是B（我们的看法）。这就不难理解，为何压力不会直接对我们造成伤害，但我们惧怕压力的情绪会。

当今社会是一个高度开放、融合并快速发展的社会，我们会接收到不同地区、不同领域、不同阶层的信息，能够诱发压力的因素空前的多，可以说，对于现代人来说，压力无处不在。我们无法扭转大环境，但是可以调整自己的认知和行为，将压力的危害降到最低。你可以尝试采取以下方法：

一、管理情绪

先解决情绪，再解决问题，无论压力带来沮丧、恐惧、愤怒或其他负面情绪，都要提醒自己，这不是你的错，也不是压力的错，只是你对压力存在误解，诱发了这些情绪。你可以用已经学到的方法缓解它们。

二、寻求帮助

如果你确定自己能够管理好情绪，可以直接进行下一步；

如果心里没底，可以考虑寻求朋友、家人或其他你信赖的人的帮助。在寻求帮助的过程中压力也可以得到一定的缓解。

三、制订计划

这是做出行动的第一步，无论造成压力的事物多么顽固，多么令你感到力不从心，都可以先从制订计划开始，一步一步地来。如果一上来就拿出一份完整的计划有难度，可以从列清单入手，把你想到的一条条列出来，可以帮你整理思路，并让你恢复掌控感。

面对压力迎难而上，会调动起应对压力的相关资源，帮助自己增强信心。可以解决的问题会得到解决，无法解决的问题则成为一次历练，帮助我们成长。

失败也有好坏之分

困难与折磨对于人来说，是一把打向坯料的锤，
打掉的应是脆弱的铁屑，锻成的将是锋利的钢刀。

——契诃夫

多数人都希望自己工作、生活顺风顺水，永远都不会遭遇
失败，在祝福他人的时候我们也常说"心想事成、万事如意"。
但现实可不会顾虑我们的愿望，"不如意事常八九"才是多数人
的生活写照。遭遇失败、应对失败是人生的必修课。

很多人遭受失败后，会首先沉浸到消极情绪里，无法理性
思考，放任自己的自责、不安、后悔、羞耻，把过错揽到自己
身上，否定自己的能力。如果这些情绪不能及时化解，一旦在
我们思想深处扎根，产生的危害甚至比失败还大。"习得性无助"
就是这样一种负面产物。

20 世纪 70 年代，美国心理学家马丁·塞利格曼（Martin
Seligman）在一项实验中发现了这种现象。实验人员将狗关在
笼子里，蜂鸣器一响就给予电击，狗就会感到难受。过了一段
时间后，蜂鸣器一响起，实验人员便打开笼子，并没有电击，

但狗还是倒地颤抖，等待电击的到来，而非逃出笼子。这是一种后天习得的对现实无助的心理。

后来，在对人类的观察中，研究人员也发现了相似的现象。如果一个人在做某件事的时候屡次失败，他就会放弃这件事，并且怀疑自己的能力，认为自己做不好任何事。他们会把失败归于无法改变的因素，例如成绩差是因为自己智商低。这样一来，他们就会放弃积极的努力。正确归结失败的原因，理性面对失败，是我们需要掌握的能力。

失败难免带给人们痛苦的感受，有些人会因此对失败产生恐惧，进而采取不合理的规避方式。例如，有些人在领导部署新工作的时候，担心失败而把机会拱手让人；有些人害怕失败而不敢开拓人际圈子；有的人平常学习十分刻苦，上考场以后却因为害怕失败而发挥失常。这些不能正视失败的回避行为进一步加剧了他们对失败的恐惧，形成一种思维定式。这种"失败者"思维定式会引发更多的失败，就像田地里的杂草，如果不及时除去，就会越长越大，甚至吞没禾苗。有"失败者"思维定式的人更容易在生活、工作中表现平庸，当事人的幸福感也会降低。即便有翻身的机会他们也会找借口躲开，诸如"我英语太差了""我已经不年轻了"等。这种思维定式如果出现在企业中，将导致错失发展机会。

要想避免陷入失败后的恶性循环，我们就要充分认识失败，在了解的基础上接受它。失败并不像我们所认为的那样有害无利，来自美国哈佛商学院的教授——艾米·埃德蒙森（Amy

Edmondson）将常见的失败划分为三类：可以预知的失败、不可避免的失败、智慧型失败。

可以预知的失败，指的是由于不细心、不努力导致的失败，例如没有休息好导致考试发挥失常，工作时不够专心导致出现差错，等等。在一些重大事故的报道中我们经常能见到"没有按照规定进行操作"之类的话，这也属于可以预知的失败，要知道那些复杂的规章就是建立在无数失败案例之上的。

不可避免的失败，指的是因环境因素造成的失败，往往发生在已知条件不足、缺乏确定性的情况下。不可避免的失败并不一定是不可预知的，有一个词叫"虽败犹荣"，常用来形容那些"明知山有虎，偏向虎山行"的人。他们知道在缺乏人手、实力悬殊等情况下自己一定会失败，但仍毅然决然地挺身而出，他们的失败是可预见的，也是不可避免的。遭遇不可避免的失败时，不需要过分自责，把过错都揽在自己身上，过度内疚并不利于认识失败。

智慧型失败，最早由杜克大学的西姆·希特金（Sim Sitkin）教授提出，它是一种有价值的失败，也可以理解为"好的失败"。智慧型失败一般出现在探索阶段，例如验证一个方案是否可行，验证一个产品是否有效等。即便失败，人们也能从失败中得到经验，运用到下一次尝试中去。科学地看待智慧型失败，灵活地运用失败的成果，对于个人和企业都具有重要作用。

认识了失败的三种类型以后，我们可以分门别类进行归因，而不是一刀切地悔恨、自责。例如，对于可以预知的失败，要积极找到失败原因，制定预防策略，避免再犯。对于不可避免的失败，要充分认识到工作的艰巨性和复杂性，摆正心态，适当的时候急流勇退，如果必须硬着头皮上，也不要给自己施加太大的心理压力，尽力就好，坦然接受结果。对于智慧型失败，要认真分析过程和结果，让这次经验切实运用到后续工作中去。

一次失败并不能代表什么，否定我们的往往是我们消极的想法，辩证地看待失败，才能不虚此行。

放手是一种选择

> 正路并不一定就是一条平平坦坦的直路，难免有
> 些曲折和崎岖险阻，要绕一些弯，甚至难免会误入歧途。
>
> ——朱光潜

在面对生活中的风浪时，身边的人常常鼓励我们"坚持就
是胜利"，有时候我们自己也会用这句话自勉，似乎只要坚持下
去，一切问题都能迎刃而解。但是，我们心里明白，有时候问
题是无解的，坚持越久投入越多，就会被困得越久。这种时候，
你应该允许自己记起，有一个选项叫"放手"。

听过这样一个故事：

母亲在厨房准备早餐，几岁的孩子独自在客厅玩
耍。过了一会儿，孩子突然大哭起来。母亲放下手上
的事情跑出去，发现孩子的手卡在花瓶里了。花瓶上
窄下宽，母亲试了很多方法都没能把孩子的手拿出来。
难道要砸碎花瓶吗？母亲犹豫了，这个花瓶是家中流
传了几代人的古董。母亲又尝试了几次，每次一用力

孩子就疼得大喊。母亲心急如焚，咬咬牙把花瓶打碎了。孩子的手平安地取了出来，母亲抓着孩子的手检查有没有受伤，发现孩子把手攥得紧紧的。母亲哄了半天，孩子终于把手张开了，他的手心里居然躺着一枚硬币。原来，孩子玩耍的时候不小心把硬币掉进了花瓶里，于是伸手去拿，可是攥住以后手就没法伸出来了。其实，只要他肯放开手，就能很轻松地从花瓶里退出来。

看起来只有小孩子会这么不懂事，分不清硬币和花瓶的价值，而明事理的大人应该不会犯这种错。事实恰恰相反，很多大人都会犯这种错，有时候付出的代价更加惨痛。

经济学中有一个概念，叫"沉没成本"，指那些已经投入进去却对现在的决策没有帮助的成本。也就是说，这些成本基本上是不可能收回的，属于损失掉的部分。站在决策者的角度看，应该考虑的是当前的投入会对未来产生哪些影响，能否产出收益，而以往的沉没成本则不在考虑之列，因为考虑了也于事无补。但是我们在做决定的时候，很少会无视已经付出的成本，我们固然在乎未来的收益，我们也在乎过去的投入。很多人无法接受自己的付出成为"沉没成本"，于是不理智地继续投入更多，企图翻盘，或者选择看似止损实际上损失更大的方案。

心理学家做过这样一个实验：向参与实验的人推荐 A 地的滑雪之旅，票价 100 美元；几天之后告诉已经买票的参与者，B 地的滑雪之旅更好玩，票价只要 50 美元；再过几天，告诉买了

A、B 两地滑雪之旅票的参与者，两次旅行的时间重合，只能选择一个地方。多数人选择票价更贵的 A 地，而非更好玩的 B 地。这个实验背后就是"损失厌恶"理论，最早由丹尼尔·卡内曼（Daniel Kahneman）与阿莫斯·特沃斯基（Amos Tversky）提出。卡内曼指出："人们天生就对'损失'更加敏感，为了避免损失或挽回损失，我们会变得冒险。"

在沉没成本面前，损失厌恶也在发挥作用，一不留神，就会导致更大的亏损。例如，我们买票坐进电影院，发现电影十分无趣，但是考虑到已经花费的钱，又强迫自己留下来，浪费两个小时在自己不喜欢的事情上。其实，这段时间我们完全可以走出影院，逛街、读书、重新挑选一部喜欢的影片，与几十元的票价相比，两个小时的快乐能让我们受益更多。

有时候，明知坚持下去是错误的，却仍不肯放手，并不是出于对钱财的惋惜，而是为了保住自尊。放手意味着承认自己选择错了，这样一来他人就会知道我们的失误，对于一些自尊心很强的人来说，这种情况是无法忍受的。俗话说的"死要面子活受罪"就是这个意思。

我们是普通的人，不是全知全能的神，我们做出的每一个决定，都是在一定的不确定中进行的。小到从路边小店里买一个包子，大到选择职业道路、选择携手一生的另一半，我们都无法把风险降到零，包子也许不好吃，行业前景也许很暗淡，另一半也许并不适合我们。这些时候，放手才是最佳的止损方案。抱着沉没成本不放，最大的可能是和它们一起沉没。

接受弱点的存在

人之所以为人，就是因为我们并不完美。

——凯蒂·拉斯姆森

幽默大师林语堂曾说："不完美，才是最完美的人生。"古今中外的历史上，身怀绝技、独领风骚的人何止万千，但是称得上"完人"的几乎没有，再厉害的人都有这样那样的不足。人毕竟不是铁板一块，有弱点才真实。对自己高标准、严要求固然值得钦佩，但若是过了头，落入完美主义的陷阱，则是得不偿失。

在心理学上，完美主义是一种追求准确、追求完美的性格。追求完美主义的人格外关注他人的评价，常常产生自我否定的念头。完美主义有积极的一面，渴望完美、追求完美，能够促使人们努力实现目标；完美主义也有消极的一面，完美主义的人容错程度很低，在其他人看来并不算缺点的小瑕疵，在完美主义者的眼中则是不可忍受的。

研究人员根据这种差异将完美主义分为两种：适应性完美主义和非适应性完美主义。适应性完美主义，追求卓越，一般可以容忍失败，不会因失败过度伤害自我。非适应性完美主义，更倾向于避免犯错。

非适应性完美主义者认为，保持工作和生活不出错，就可以避免自责、羞愧和他人的评头论足。这样的人反而容易自我妨碍，如果觉得某件事很难成功，便干脆放弃。例如，有些人想进行写作，写了一页内容意识到这件事并不简单，失败的风险很大，便不再尝试。他们对差错的容忍程度极低，很难全面地看待事物，出现一点儿差错就全盘否定。例如，有人为了出去游玩做好了发型，搭配好了服装，还化了适宜的妆容，结果路上发现衣服蹭脏了一小块，立刻难以忍受，接下来的整个行程都郁郁寡欢。当然，这类人也很难忍受存在不同意见。

研究人员运用分析手段，研究了 1989 年至 2016 年的完美主义者的比例，进行代际对比，发现随着时间的推移，大学生中具有完美主义倾向的比例增长明显。美国西弗吉尼亚大学的研究人员凯蒂·拉斯姆森（Katie Rasmussen）表示："平均每五名儿童和青少年中，就有两名是完美主义者。我们已经开始研究完美主义是如何成为普遍的公共健康问题的。"完美主义者的增多并不能让儿童、青年人比上一代更优秀，却会让他们遭受更多苦恼。犯错是成长的一部分，不完美是生活的常态，这些现实无疑会对完美主义者造成巨大压力。完美主义可能引发一系列身心问题，例如抑郁症、厌食症、强迫症等。甚至有研究人员认为，越是追求完美，心理问题就会越多。

该如何判断自己追求完美的想法是积极的还是消极的呢？

有一个简单的方法，观察一下你在追求完美受挫以后的想法，例如一次考试没取得理想的分数、一项工作没达到预期的目标。如果你感到失望，但是可以接受这个结果，并且愿意下次继续努力，那么你的完美主义就是积极的；如果你因为受挫而否定自己，把自己看得一文不值，那你的完美主义就是消极的，需要引起警惕。但是无须过度紧张，可以有意识地采取一些手段进行调整。可以尝试以下方法。

一、给目标画线

如果到达画线的标准，就代表已经完成目标，不必再吹毛求疵，苛责自己。

二、关注动机

明确自己为什么追求完美。人生不是一个光鲜得毫无瑕疵的标本，而是一个现实的、解决问题的过程。

三、不以他人的评价为标准

将注意力转向内在，听取内心的声音，而非外界的评价。我们做事的出发点和落脚点是自我，我们不可能让所有人满意，过度关注他人的评价只会让我们更加撕裂。

四、限定时间

给要做的事限定一个合理的时间。例如整理房间，限定在两个小时之内，避免在一些不必要的细节上耗费大量时间，你不需要把书架上的每一本书都摆放得一样齐。

五、允许自己存在短板

人无完人，谁都不可能擅长所有的事情，不必因为自己没有掌握所有的技能而自责。

正如林语堂所说："人生在世，不就是有时笑笑人家，有时人家笑笑你。"怀抱一颗进取的心去追求卓越，但是不惧存在一些弱点，让人家笑笑。

利用挫折和逆境

> 真正塑造人格的并非天资和学历，而是所经历的
> 挫折和苦难。
>
> ——稻盛和夫

　　周国平说过："苦难之为苦难，正在于它撼动了生命的根基，打击了人对生命意义的信心，因而使灵魂下陷入了巨大的痛苦，这种痛苦震醒了灵魂，使人以非常人能承受的坚韧意志面对苦难，活出生命的意义，实现了某种精神价值。"生命中的挫折和逆境，就像一把双刃剑，一边代表机遇，一边代表挑战。如果能好好地利用这把剑，就能披荆斩棘，在逆境中开出一条道路；如果无法好好应对，就会被利刃割伤，疼痛流血。

　　心理学上有一个概念叫逆商（AQ，Adversity Quotient），指的是人们面对挫折和逆境时表现出的应对能力。这个概念由美国知名学者保罗·斯托茨（Paul Stoltz）首先提出。有心理学家认为，逆商是继智商（IQ，Intelligence Quotient）、情商（EQ，Intelligence Quotient）之后，第三个影响个人成就的关键因素。甚至有人提出，100% 的成功等于 20% 的 IQ 加上 80%

的 EQ 和 AQ。可见逆商对一个人的重要性。

逆商是一种可以培养的能力，在衡量逆商时，主要考察四个因素：控制（Control）、归属（Ownership）、延伸（Reach）、忍耐（Endurance），简称为 CORE。

控制能力和逆商存在正相关的关系，个人对自我的控制能力越强，逆商就越高。能够控制自我的人在面对挫折时，不容易被轻易打倒，他们能够尽快掌控局面，从不利因素中发现有利因素，逆风翻盘。提升控制感的关键在于确立稳定的自我人格，即便遇到挫折，也能分清外在事物和内在自我，在承认失败的时候不会否定自我，不熄灭东山再起的信心。

归属是指如何归纳失败的原因，是否愿意承担责任，是否能够改善结果。在归纳原因的时候，逆商低的人表现为两极分化，或者将一切过错推给外在因素，例如环境影响、他人不配合，把自己择得一干二净；或者把一切过错揽到自己身上，认为是自己的无能导致挫折。现实中一件事的发生往往有多个影响因素，单纯归为外因或内因都有失偏颇，逆商高的人能够负起应负的责任，也能理性分析外在干扰。

延伸是指如何评估挫折的影响。逆商低的人会不由自主地放大挫折的影响，弄得草木皆兵，感觉自己生活的方方面面都因为一次挫折笼罩上了灰暗的色彩，甚至走在都是陌生人的街上，也感觉别人能发现自己是失败者。逆商高的人则不会任由挫败感蔓延，他们会把它控制在合理范围内，尽量不影响正常的生活和工作。

忍耐是指认为挫折会持续多久以及它对自己的影响会持续多久。保罗·斯托茨有一个相关的公式：逆商＝控制＋延伸＋两倍的耐力。把挫折看得越漫长越不利于解决问题，把挫折的影响看得越持久，越不利于从挫折中走出来。合理看待挫折的影响，将精力放到采取行动上去，可以把挫折的波及范围缩到最小。

那些逃离挫折的人，暂时获得了安宁，但是随着时光推移，新的挫折会继续出现，由于没能把握住以往锻炼自我的机会，他们只能再次狼狈地跌倒，承受更大的痛苦。挫折，其实就像海上的风浪，手忙脚乱，应对失措，就很可能被掀翻，沉入海底；沉着冷静，调整航向，风浪就成了送我们远航的助力。

从头开始，也没什么大不了

我们醒来的每一天都是一个新的开始，又一个机遇。为什么要把时间浪费在自怜、懒散、自私上呢？

——卡西·拜特

很多人都玩过扑克牌，开局的时候，无论拿到的牌是好是坏，我们都要遵守规则玩下去。一局结束，无论是输是赢，都无须留恋，重新洗牌，重新开始。有的时候还会中途变换玩法，前几局的积分直接清零。生活中，我们也会遇到类似的情况，重来一局或变换跑道重新开始。

学生时代，从小学进入初中、高中再到大学，每个阶段都是崭新的，都意味着一次开始，等到步入社会，又会开始一段完全不同以往的旅程。期间，有些人会彻底调整方向，进行跨界，例如从传统媒体进入互联网行业，从国企进入创业公司，还有人独立创业。更多的人，一边从事当前的工作，一边不断考虑重新开始的可能性，既不满于当前的状态，又对潜在的失败风险感到担忧，于是迟迟不敢行动，拖上几年，开始跟自己说："我都这个年纪了，再干什么是不是太晚了？"

其实，也不必把从头开始看得那么可怕。借用《围城》中的一句话，我们就像是在一座围城中，里面的人想出来，外面的人想进去。就拿大学选专业来说，很多人在选择之前充满向往，之后才发现自己的选择并不像想象中那么好，不得不为了学分上一些不感兴趣的课，进行不擅长的社会实践。许多专业都有人编"劝退"后辈的顺口溜，例如"劝人学 ×，天打雷劈"之类，读来令人发笑，笑完略感心酸。选择职业的时候也是，很多初出校门的热血青年怀揣梦想投入某个行业，开头总免不了受一些打击，经历一些幻灭，怀疑自己入错了行。心中迷茫的时候，不如问问自己，选择这个行业的初衷是什么。如果那些"附赠"的打击不会影响初衷，那就咬牙坚持，只求不断攀登，不为路旁的杂草分神。如果确实偏离了初衷，继续走下去只会和梦想渐行渐远，那就不要畏缩，勇敢地离开这条路，选择真正属于你的那一条。有些人也许还是会犹豫，走或留都有好处，也都有风险，选择哪一个都会惦记另一个。在旁观者看来，这未免有些贪心，可是人哪有不贪心的呢？接下来我想讲一件往事，也许会对举棋不定的人有所启发。

　　于敏，核物理学家，2015 年国家最高科学技术奖获得者，被誉为"氢弹之父"。他在大学时期的专业方向为理论物理。1951 年研究生毕业后，进入中科院近代物理研究所工作，开始了近十年的基础理论物理研究工作。其间他与杨立明合著了开创性的《原子核理论讲义》，彭桓武称赞他是"国际上一流的"核物理学家。可以说，于敏在理论物理方面的前途不可限量，如果在这个研究方向上坚持下去，他极有可能成为扬名世界的科学家。

1961 年，时任研究所所长的钱三强把于敏叫到了办公室，开门见山地说："氢弹的研究以后你来搞怎样？"简短的一句话，却足以改变于敏一生的轨迹，从事氢弹研究意味着他将放弃投入了很多心血的物理理论研究，而那时离他出成果已近在咫尺。在晚年的一次采访中，于敏提及此事，简单地说："这不太符合我的兴趣，但爱国主义压过兴趣。"他表示，"我过去学的东西都可以抛掉，我一定要全力以赴搞出来。"于是，于敏开始了长达 38 年的隐姓埋名的研究生涯，在此期间，他以一种新的构型研制出氢弹，并提出我国核武器的发展路线图，为将来突破核聚变能源做好规划。

在 2015 年获奖时，他的名字和事迹才被广大民众知晓。对于加诸身上的"氢弹之父"的光环，于敏这样评价："核武器的研制是集科学、技术、工程于一体的大科学系统，需要多种学科、多方面的力量才能取得现在的成绩，我只是起到了一定的作用，氢弹又不能有好几个'父亲'。"

于敏的一生是崇高伟大的，也是沉静平凡的，他在抉择道路的时刻果断坚决，在频频遭遇困难的路上矢志不渝。他走在一条寸草不生的路上，走过之后那里已经树木参天。

如果你也在为是否应该从头开始而苦恼，不如静下来问问自己，你真实的愿望是什么。

结语

对自控力的探索之旅，到此就要告一段落了。

前行的路上，我们必须得上战场拼杀几次，才能渐渐看清自己，看透生活的真谛。也许你此刻刚经历了一场战斗，也许你此刻正要背上行囊远行，也许你此刻正经历着与前一日相同的平淡，但是我们都不知道等在前方的明天会是什么样。

"你知不知道，难做的事和应该做的事往往是同一件事？凡是有意义的事都不会容易。成年人的生活里没有'容易'二字。"这句话出自电影《天气预报员》，不知道出了多少人的辛酸。电影中的男主角是位天气预报员，人前是位光鲜的电视主播，人后却有一堆头疼的麻烦事。生活确实和天气一样多变，有时晴，有时雨，难以准确预测。

希望本书探讨的那些方法能够对你有所帮助，希望这趟旅程让你感到不虚此行。愿你不忘初心，前程万里。